多 语 种 工 程 机 械 型 号 名 谱

阿汉工程机械型号名谱

中国工程机械学会　编

刘　磊　译

上海科学技术出版社

编 委 会

序

土石方工程、流动起重装卸工程、人货升降输送工程和各种建筑工程综合机械化施工以及同上述相关的工业生产过程的机械化作业所需的机械设备统称为工程机械。工程机械应用范围极广，大致涉及如下领域：① 交通运输基础设施；② 能源领域工程；③ 原材料领域工程；④ 农林基础设施；⑤ 水利工程；⑥ 城市工程；⑦ 环境保护工程；⑧ 国防工程。

工程机械行业的发展历程大致可分为以下 6 个阶段。

第一阶段(1949 年前)：工程机械最早应用于抗日战争时期滇缅公路建设。

第二阶段(1949—1960 年)：我国实施第一个和第二个五年计划，156 项工程建设需要大量工程机械，国内筹建了一批以维修为主、生产为辅的中小型工程机械企业，没有建立专业化的工程机械制造厂，没有统一的管理与规划，高等学校也未设立真正意义上的工程机械专业或学科，相关科研机构也没有建立。各主管部委虽然设立了一些管理机构，但这些机构分散且规模很小。此期间全行业的职工人数仅 2 万余人，生产企业仅二十余家，总产值 2.8 亿元人民币。

第三阶段(1961—1978 年)：国务院和中央军委决定在第一机械工业部成立工程机械工业局(五局)，并于 1961 年 4 月 24 日正式成立，由此对工程机械行业的发展进行统一规划，形成了独立的制造体系。此外，高等学校设立了工程机械专业以培养相应人才，并成立了独立的研究所以制定全行业的标准化和技术情报交流体系。在此期间，全行业职工人数达 34 万余人，全国工程机械专业厂和兼并厂达 380 多家，固定资产 35 亿元人民币，工业总产值 18.8 亿元人民币，毛利润 4.6 亿元人民币。

第四阶段(1979—1998 年)：这一时期工程机械管理机构经过几次大的变动，主要生产厂下放至各省、市、地区管理，改革开放的实行也促进了民营企业的发展。在此期间，全行业固定资产总额 210 亿元人民币，净值 140 亿元人民币，有 1 000 多家厂商，销售总额 350 亿元人民币。

第五阶段(1999—2012 年)：此阶段工程机械行业发展很快，成绩显著。全国有 1 400 多家厂商、主机厂 710 家，11 家企业入选世界工程机械 50 强，30 多家企业在 A 股和 H 股上市，销售总额已超过美国、德国、日本，位居世界第一，2012 年总产值近 5 000 亿元人民币。

第六阶段(2012 年至今)：在此期间国家进行了经济结构调整，工程机械行业的发展速度也有所变化，总体稳中有进。在经历了一段不景气的时期之后，随着我国“一带一路”倡议的实施和国内城乡建设的需要，将会迎来新的发展时期，完成由工程机械制造大国向工程机械制造强国的转变。

随着经济发展的需要，我国的工程机械行业逐渐发展壮大，由原来的以进口为主转向出口为主。1999 年至 2010 年期间，工程机械的进口额从 15.5 亿美元增长到 84 亿美元，而出口的变化更大，从 6.89 亿美元增长到 103.4 亿美元，2015 年达到近 200 亿美元。我国的工程机械已经出口到世界 200 多个国家和地区。

我国工程机械的品种越来越多，根据中国工程机械工业协会标准，我国工程机械已经形成 20 个大类、130 多个组、近 600 个型号、上千个产品，在这些产品中还不包括港口机械以及部分矿山机械。为了适应工程机械的出口需要和国内外行业的技术交流，我们将上述产品名称翻译成 8 种语言，包括阿拉伯语、德语、法语、日语、西班牙语、意大利语、英语和俄语，并分别提供中文对照，以方便大家在使用中进行参考。翻译如有不准确、不正确之处，恳请读者批评指正。

编委会

2020 年 1 月

目　录

1 挖掘机械 آلة الحفر

مجموعات/组	أنواع/型	منتجات/产品
حفارة بشكل متقطع 间歇式挖掘机	حفارة ميكانكية 机械式挖掘机	حفارة مجنزرة ميكانيكية 履带式机械挖掘机
		حفارة إطارية ميكانيكية 轮胎式机械挖掘机
		حفارة ميكانيكية ثابتة 固定式(船用)机械挖掘机
		مجرفة التعدين الكهربائية 矿用电铲
	حفارة هيدرولية 液压式挖掘机	حفارة مجنزرة هيدرولية 履带式液压挖掘机
		حفارة إطارية هيدرولية 轮胎式液压挖掘机
		حفارة هيدرولية برمائية 水陆两用式液压挖掘机
		حفارة الأراضي الرطبة الهيدرولية 湿地液压挖掘机
		حفارة ماشية هيدرولية 步履式液压挖掘机
		حفارة هيدرولية ثابتة 固定式(船用)液压挖掘机
	آلة الحفر والتحصيل 挖掘装载机	آلة الحفر والشحن الجانبية الجمع 侧移式挖掘装载机
		آلة الحفر والشحن الداخلية الجمع 中置式挖掘装载机
حفارة بشكل مستمر 连续式挖掘机	حفارة ذات عجلة الدلو 斗轮挖掘机	حفارة مجنزرة ذات عجلة الدلو 履带式斗轮挖掘机
		حفارة إطارية ذات عجلة الدلو 轮胎式斗轮挖掘机
		حفارة ماشية خاصة ذات عجلة الدلو 特殊行走装置斗轮挖掘机
	حفارة ذات حواف دائرية 滚切式挖掘机	حفارة ذات حواف دائرية 滚切式挖掘机
	حفارة الطحن 铣切式挖掘机	حفارة الطحن 铣切式挖掘机
	حفارة الخنادق متعددة الدلاء 多斗挖沟机	حفارة الخنادق لتشكيل المقطع 成型断面挖沟机

（续表）

مجموعات/组	أنواع/型	منتجات/产品
حفارة بشكل مستمر 连续式挖掘机	حفارة الخنادق متعددة الدلاء 多斗挖沟机	حفارة الخنادق بقادوس العجلة 轮斗挖沟机
		حفارة الخنادق بقادوس السلسلة 链斗挖沟机
	حفارة بقادوس السلسلة 链斗挖沟机	حفارة مجنزرة بقادوس السلسلة 履带式链斗挖沟机
		حفارة إطارية بقادوس السلسلة 轮胎式链斗挖沟机
		حفارة مدارية بقادوس السلسلة 轨道式链斗挖沟机
آلات الحفر الأخرى 其他挖掘机械		

2 铲土运输机械 آلات للردم والنقل

مجموعات/组	أنواع/型	منتجات/产品
آلة الشحن 装载机	آلة الشحن المجنزرة 履带式装载机	آلة الشحن الميكانيكية 机械装载机
		آلة الشحن الميكانيكية الهيدرولية 液力机械装载机
		آلة الشحن الهيدرولية الكاملة 全液压装载机
	آلة الشحن الإطارية 轮胎式装载机	آلة الشحن الميكانيكي 机械装载机
		آلة الشحن الميكانيكية الهيدرولية 液力机械装载机
		آلة الشحن الهيدرولية الكاملة 全液压装载机
	آلة الشحن الانزلاقية التوجيه 滑移转向式装载机	آلة الشحن الانزلاقية التوجيه 滑移转向装载机
	آلة الشحن للأغراض الخاصة 特殊用途装载机	آلة الشحن المجنزرة البرمائية 履带湿地式装载机
		آلة الشحن الجانبية التفريغ 侧卸装载机
		آلة الشحن تحت البئر 井下装载机
		آلة شحن الخشب 木材装载机

(续表)

组/مجموعات	型/أنواع	产品/منتجات
مكشطة 铲运机	مكشطة تلقائية 自行铲运机	مكشطة ذاتية التقدم ذات دواليب 自行轮胎式铲运机
		مكشطة مزدوجة المحرك ذات دواليب 轮胎式双发动机铲运机
		مكشطة مجنزرة تلقائية 自行履带式铲运机
	مكشطة مقطورة 拖式铲运机	مكشطة ميكانيكية 机械铲运机
		مكشطة هيدرولية 液压铲运机
بولدوزر، جرار التسوية 推土机	جرافة مجنزرة 履带式推土机	جرافة ميكانيكية 机械推土机
		جرافة ميكانيكية هيدرولية 液力机械推土机
		جرافة هيدرولية كاملة 全液压推土机
		جرافة مجنزرة برمائية 履带式湿地推土机
	جرافة إطارية 轮胎式推土机	جرافة ميكانيكية هيدرولية 液力机械推土机
		جرافة هيدرولية كاملة 全液压推土机
	آلة جرف البئر 通井机	آلة جرف البئر 通井机
	بولدوزر التهذيب 推耙机	بولدوزر التهذيب 推耙机
محمل الشوكة 叉装机	محمل الشوكة 叉装机	محمل الشوكة 叉装机
ممهدة 平地机	آلة تسوية الأرض الذاتية التقدم 自行式平地机	آلة تسوية الأرض الميكانيكية 机械式平地机
		آلة تسوية الأرض الميكانيكية الهيدروليكية 液力机械平地机
		آلة تسوية الأرض الهيدروليكية الكاملة 全液压平地机
	آلة تسوية الأرض المقطورة 拖式平地机	آلة تسوية الأرض المقطورة 拖式平地机

（续表）

مجموعات/组	أنواع/型	منتجات/产品
شاحنة تفريغ ليس للطرق 非公路自卸车	شاحنة التفريغ الجامدة 刚性自卸车	شاحنة التفريغ الميكانيكية 机械传动自卸车
		شاحنة التفريغ الميكانيكية الهيدرولية 液力机械传动自卸车
		شاحنة التفريغ الهيدرولية 静液压传动自卸车
		شاحنة التفريغ الكهربائية 电动自卸车
	شاحنة التفريغ ذات المفاصل 铰接式自卸车	شاحنة التفريغ الميكانيكية 机械传动自卸车
		شاحنة التفريغ الميكانيكية الهيدرولية 液力机械传动自卸车
		شاحنة التفريغ الهيدرولية 静液压传动自卸车
		شاحنة التفريغ الكهربائية 电动自卸车
	شاحنة التفريغ الجامدة تحت الأرض 地下刚性自卸车	شاحنة التفريغ الميكانيكية الهيدرولية 液力机械传动自卸车
	شاحنة التفريغ ذات المفاصل تحت الأرض 地下铰接式自卸车	شاحنة التفريغ الميكانيكية الهيدرولية 液力机械传动自卸车
		شاحنة التفريغ الهيدرولية 静液压传动自卸车
		شاحنة التفريغ الكهربائية 电动自卸车
	شاحنة التفريغ الدوارة 回转式自卸车	شاحنة التفريغ الهيدرولية 静液压传动自卸车
	شاحنة التفريغ الجاذبية الأرض 重力翻斗车	شاحنة التفريغ الجاذبية الأرض 重力翻斗车
آلات إعداد التشغيل 作业准备机械	قاطعة الأشواك 除荆机	قاطعة الأشواك 除荆机
	آلة حفر الجذور 除根机	آلة حفر الجذور 除根机
آلات للردم والنقل الأخرى 其他铲土运输机械		

3 起重机械 آلات الرفع

مجموعات /组	أنواع /型	منتجات /产品
مرفاع متحرك 流动式起重机	مرفاع الإطارات 轮胎式起重机	شاحنة ذات مرفاع 汽车起重机
		مرفاع على جميع التضاريس 全地面起重机
		مرفاع محمول على إطارات 轮胎式起重机
		مرفاع محمول على إطارات لطرق وعرة 越野轮胎起重机
		مرفاع الشاحنة 随车起重机
	مرفاع الزحاف، مرفاع مزنجر 履带式起重机	مرفاع مزنجر بالذراع الجملونية 桁架臂履带起重机
		مرفاع مزنجر تلسكوبي 伸缩臂履带起重机
	مرفاع متحرك خاص 专用流动式起重机	مرفاع يرفع من الأمام 正面吊运起重机
		مرفاع يرفع من الجانب 侧面吊运起重机
		مرفاع مزنجر للأنابيب 履带式吊管机
	عربة التلخيص والإنقاذ 清障车	عربة التلخيص والإنقاذ 清障车
		عربة التلخيص والإنقاذ 清障抢救车
مرفاع للبناء 建筑起重机械	مرفاع برجي 塔式起重机	مرفاع مداري ببرج الدوران العلوي 轨道上回转塔式起重机
		مرفاع مداري ذاتي الارتفاع ببرج الدوران العلوي 轨道上回转自升塔式起重机
		مرفاع مداري ببرج الدوران السفلي 轨道下回转塔式起重机
		مرفاع مداري برجي سريع التركيب 轨道快装式塔式起重机
		مرفاع مداري برجي متحرك الذراع 轨道动臂式塔式起重机
		مرفاع مداري برجي مسطح الرأس 轨道平头式塔式起重机

（续表）

组/مجموعات	型/أنواع	产品/منتجات
مرفاع للبناء 建筑起重机械	مرفاع برجي 塔式起重机	مرفاع ثابت ببرج الدوران العلوي 固定上回转塔式起重机
		مرفاع ثابت ذاتي الارتفاع ببرج الدوران العلوي 固定上回转自升塔式起重机
		مرفاع ثابت ببرج الدوران السفلي 固定下回转塔式起重机
		مرفاع ثابت برجي سريع التركيب 固定快装式塔式起重机
		مرفاع ثابت برجي متحرك الذراع 固定动臂式塔式起重机
		مرفاع ثابت برجي مسطح الرأس 固定平头式塔式起重机
		مرفاع ثابت برجي داخلي الارتفاع 固定内爬升式塔式起重机
	مرفاع للبناء 施工升降机	مرفاع ذو جريدة وترس للبناء 齿轮齿条式施工升降机
		مرفاع ذو حبل حديدي للبناء 钢丝绳式施工升降机
		مرفاع ذو حبل ورف للبناء 混合式施工升降机
	ونش الرفع للبناء 建筑卷扬机	ونش الرفع الأحادي الأسطوانة 单筒卷扬机
		ونش الرفع الثنائي الأسطوانة 双筒式卷扬机
		ونش الرفع الثلاثي الأسطوانة 三筒式卷扬机
آلات الرفع الأخرى 其他起重机械		

4 工业车辆 مركبة صناعية

组/مجموعات	型/أنواع	产品/منتجات
عربة مدفوعة بالطاقة 机动工业车辆（内燃、蓄电池、双动力）	ناقلة ذات منصة ثابتة 固定平台搬运车	ناقلة ذات منصة ثابتة 固定平台搬运车
	قاطرة، عربة دفعية 牵引车和推顶车	قاطرة 牵引车
		عربة دفعية 推顶车

（续表）

组/مجموعات	型/أنواع	产品/منتجات
عربة مدفوعة بالطاقة 机动工业车辆（内燃、蓄电池、双动力）	堆垛用（高起升）车辆	مرفاع شوكي موازن 平衡重式叉车
		مرفاع شوكي متنقل 前移式叉车
		مرفاع شوكي رباعي الساق 插腿式叉车
		مكدس البليت 托盘堆垛车
		مكدس المنصة 平台堆垛车
		عربة متحركة مسطح العمل 操作台可升降车辆
		مرفاع شوكي جانبي 侧面式叉车（单侧）
		مرفاع شوكي لطرق وعرة 越野叉车
		مرفاع شوكي جانبي 侧面堆垛式叉车（两侧）
		مرفاع شوكي ثلاثي الاتجاهات 三向堆垛式叉车
		عربة الباع العالية الارتفاع للركم 堆垛用高起升跨车
		آلة ركم الحاويات المتوازنة 平衡重式集装箱堆高机
	非堆垛用（低起升）车辆	ناقلة ذات صينية 托盘搬运车
		ناقلة ذات منصة 平台搬运车
		عربة الباع المنخفضة الارتفاع لغير الركم 非堆垛用低起升跨车
	مرفاع شوكي تلسكوبي 伸缩臂式叉车	مرفاع شوكي تلسكوبي 伸缩臂式叉车
		مرفاع شوكي تلسكوبي لطرق وعرة 越野伸缩臂式叉车
	عربة لاختيار 拣选车	عربة لاختيار 拣选车
	مركبة بدون سائق 无人驾驶车辆	مركبة بدون سائق 无人驾驶车辆

（续表）

组/ مجموعات	型/ أنواع	产品/ منتجات
عربة غير مدفوعة بالطاقة 非机动工业车辆	مكدس ماش 步行式堆垛车	مكدس ماش 步行式堆垛车
	مكدس البليت الماشي 步行式托盘堆垛车	مكدس البليت الماشي 步行式托盘堆垛车
	ناقلة ماشية ذات صينية 步行式托盘搬运车	ناقلة ماشية ذات صينية 步行式托盘搬运车
	ناقلة ماشية ذات صينية متصعدة بشكل المقص 步行剪叉式升降托盘搬运车	ناقلة ماشية ذات صينية متصعدة بشكل المقص 步行剪叉式升降托盘搬运车
مركبات صناعية أخرى 其他工业车辆		

5 压实机械 آلة مدمجة

组/ مجموعات	型/ أنواع	产品/ منتجات
هراس ثابت 静作用压路机	محدلة الطرقات المقطورة 拖式压路机	محدلة الطرقات المقطورة بالأسطوانة السلسة 拖式光轮压路机
	محدلة الطرق الذاتية التقدم بدواليب 自行式压路机	محدلة الطرقات المزدوجة الأسطوانة السلسة 两轮光轮压路机
		محدلة الطرقات المفصلية الأسطوانتين السلستين 两轮铰接光轮压路机
		محدلة الطرقات الثلاثية الأسطوانة السلسة 三轮光轮压路机
		محدلة الطرقات المفصلية الثلاثية الأسطوانة السلسة 三轮铰接光轮压路机
هراس اهتزازي 振动压路机	محدلة الطرقات بالأسطوانة السلسة 光轮式压路机	محدلة اهتزازية ترادفية مزدوجة الأسطوانة 两轮串联振动压路机
		محدلة اهتزازية مفصلية الأسطوانتين 两轮铰接振动压路机
		محدلة اهتزازية رباعية الأسطوانة 四轮振动压路机
	محدلة ذات توجيه الإطار 轮胎驱动式压路机	محدلة ذات توجيه الإطار باهتزاز الأسطوانة السلسة 轮胎驱动光轮振动压路机
		محدلة ذات توجيه الإطار باهتزاز القدم المحدبة 轮胎驱动凸块振动压路机

(续表)

مجموعات/组	أنواع/型	منتجات/产品
هراس اهتزازي 振动压路机	محدلة مقطورة 拖式压路机	محدلة اهتزازية مقطورة 拖式振动压路机
		محدلة مقطورة باهتزاز القدم المحدبة 拖式凸块振动压路机
	محدلة يدوية 手扶式压路机	محدلة يدوية باهتزاز الأسطوانة السلسة 手扶光轮振动压路机
		محدلة يدوية باهتزاز القدم المحدبة 手扶凸块振动压路机
		محدلة يدوية اهتزازية ذات آلية التوجيه 手扶带转向机构振动压路机
هراس مذبذب 振荡压路机	محدلة الطرقات بالأسطوانة السلسة 光轮式压路机	محدلة اهتزازية ترادفية مزدوجة الأسطوانة 两轮串联振荡压路机
		محدلة اهتزازية مفصلية الأسطوانتين 两轮铰接振荡压路机
	محدلة ذات توجيه الإطار 轮胎驱动式压路机	محدلة اهتزازية ذات توجيه الإطار 轮胎驱动式光轮振荡压路机
هراس إطاري 轮胎压路机	محدلة الطرق الذاتية التقدم 自行式压路机	محدلة بدواليب 轮胎压路机
		محدلة مفصلية بدواليب 铰接式轮胎压路机
هراس تأثيري 冲击压路机	محدلة مقطورة 拖式压路机	محدلة مقطورة تأثيرية 拖式冲击压路机
	محدلة الطرق الذاتية التقدم 自行式压路机	محدلة الطرق التأثيرية الذاتية التقدم 自行式冲击压路机
هراس مشترك 组合式压路机	مدحلة إطارية اهتزازية مشتركة 振动轮胎组合式压路机	مدحلة إطارية اهتزازية مشتركة 振动轮胎组合式压路机
	مدحلة اهتزازية مذبذبة 振动振荡式压路机	مدحلة اهتزازية مذبذبة 振动振荡式压路机
ضاغط لوحي اهتزازي 振动平板夯	ضاغط لوحي كهربائي 电动式平板夯	ضاغط لوحي كهربائي 电动振动平板夯
	ضاغط لوحي داخلي الاحتراق 内燃式平板夯	ضاغط لوحي داخلي الاحتراق 内燃振动平板夯
ضاغط عامودي اهتزازي 振动冲击夯	ضاغط عامودي كهربائي 电动式冲击夯	ضاغط عامودي كهربائي 电动振动冲击夯
	ضاغط عامودي داخلي الاحتراق 内燃冲击夯	ضاغط عامودي داخلي الاحتراق 内燃振动冲击夯

（续表）

مجموعات /组	أنواع /型	منتجات /产品
ضاغط تفجيري 爆炸式夯实机	ضاغط تفجيري 爆炸式夯实机	ضاغط تفجيري 爆炸式夯实机
ضاغط على شكل الضفدع 蛙式夯实机	ضاغط على شكل الضفدع 蛙式夯实机	ضاغط على شكل الضفدع 蛙式夯实机
مدحلة النفايات 垃圾填埋压实机	هراس ثابت 静碾式压实机	مدحلة النفايات الثابتة 静碾式垃圾填埋压实机
	هراس اهتزازي 振动式压实机	مدحلة النفايات الاهتزازية 振动式垃圾填埋压实机
آلات مدمجة أخرى 其他压实机械		

6 路面施工与养护机械 آلات بناء الرصيف وصيانتها

مجموعات /组	أنواع /型	منتجات /产品
آلات بناء أرصفة الأسفلت 沥青路面施工机械	معدات خلط الأسفلت 沥青混合料搅拌设备	معدات خلط الأسفلت القسرية المتقطعة 强制间歇式沥青搅拌设备
		معدات خلط الأسفلت القسرية المستمرة 强制连续式沥青搅拌设备
		معدات خلط الأسفلت الأسطوانية المستمرة 滚筒连续式沥青搅拌设备
		معدات خلط الأسفلت المستمرة ذات أسطوانتين 双滚筒连续式沥青搅拌设备
		معدات خلط الأسفلت المتقطعة ذات أسطوانتين 双滚筒间歇式沥青搅拌设备
		معدات خلط الأسفلت المتحركة 移动式沥青搅拌设备
		معدات خلط الأسفلت ذات صندوق الشحن 集装箱式沥青搅拌设备
		معدات خلط الأسفلت الصالحة للبيئة 环保型沥青搅拌设备
	فارشة الأسفلت 沥青混合料摊铺机	فارشة الأسفلت المزنجرة الميكانيكية 机械传动履带式沥青摊铺机
		فارشة الأسفلت المزنجرة الهيدرولية 全液压履带式沥青摊铺机
		فارشة الأسفلت الإطارية الميكانيكية 机械传动轮胎式沥青摊铺机

（续表）

مجموعات/组	أنواع/型	منتجات/产品
آلات بناء أرصفة الأسفلت 沥青路面施工机械	فارشة الأسفلت 沥青混合料摊铺机	فارشة الأسفلت المزنجرة الهيدرولية 全液压轮胎式沥青摊铺机
		فارشة الأسفلت الثنائية الطبقة 双层沥青摊铺机
		فارشة الأسفلت ذات معدات البخ والرش 带喷洒装置沥青摊铺机
		فارشة حوافي الطريق 路沿摊铺机
	ناقلة الأسفلت 沥青混合料转运机	آلة مناولة الأسفلت المباشرة 直传式沥青转运料机
		آلة مناولة الأسفلت بخزانة المواد 带料仓式沥青转运料机
	موزع الأسفلت 沥青洒布机（车）	موزع الأسفلت الميكانيكي 机械传动沥青洒布机（车）
		موزع الأسفلت الهيدرولي 液压传动沥青洒布机（车）
		موزع الأسفلت الهوائي 气压沥青洒布机
	فارشة رايش الحجر 碎石撒布机	فارشة رايش الحجر الأحادية السير 单输送带石屑撒布机
		فارشة رايش الحجر الثنائية السير 双输送带石屑撒布机
		فارشة رايش الحجر المتعلقة البسيطة 悬挂式简易石屑撒布机
		فارشة رايش الحجر السوداء 黑色碎石撒布机
	شاحنة الأسفلت السائل 液态沥青运输机	صهريج الأسفلت المعزول 保温沥青运输罐车
		صهريج الأسفلت المعزول شبه المقطور 半拖挂保温沥青运输罐车
		صهريج الأسفلت بسيط 简易车载式沥青罐车
	مضخة الأسفلت 沥青泵	مضخة الأسفلت المسننة 齿轮式沥青泵
		مضخة الأسفلت كباس غاطس 柱塞式沥青泵
		مضخة الأسفلت الحلزونية 螺杆式沥青泵

(续表)

مجموعات/组	أنواع/型	منتجات/产品
آلات بناء أرصفة الأسفلت 沥青路面施工机械	صمام الأسفلت 沥青阀	صمام الأسفلت المعزول الثلاثي الاتجاه 保温三通沥青阀(分手动、电动、气动)
		صمام الأسفلت المعزول الثنائي الاتجاه 保温二通沥青阀(分手动、电动、气动)
		صمام كرة الأسفلت المعزول الثنائي الاتجاه 保温二通沥青球阀
	خزان الأسفلت 沥青贮罐	خزان الأسفلت القائم 立式沥青贮罐
		خزان الأسفلت الأفقي 卧式沥青贮罐
		محطة الأسفلت 沥青库(站)
	معدات تسخين وتذويب الأسفلت 沥青加热熔化设备	معدات تسخين وتذويب الأسفلت الثابتة باللهب 火焰加热固定式沥青熔化设备
		معدات تسخين وتذويب الأسفلت المتحركة باللهب 火焰加热移动式沥青熔化设备
		معدات تسخين وتذويب الأسفلت الثابتة بالبخار 蒸汽加热固定式沥青熔化设备
		معدات تسخين وتذويب الأسفلت المتحركة بالبخار 蒸汽加热移动式沥青熔化设备
		معدات تسخين وتذويب الأسفلت الثابتة بالزيت 导热油加热固定式沥青熔化设备
		معدات تسخين وتذويب الأسفلت الثابتة بالكهرباء 电加热固定式沥青熔化设备
		معدات تسخين وتذويب الأسفلت المتحركة بالكهرباء 电加热移动式沥青熔化设备
		معدات تسخين وتذويب الأسفلت الثابتة بالأشعة تحت الحمراء 红外线固定加热式沥青熔化设备
		معدات تسخين وتذويب الأسفلت المتحركة بالأشعة تحت الحمراء 红外线加热移动式沥青熔化设备
		معدات تسخين وتذويب الأسفلت الثابتة بالطاقة الشمسية 太阳能加热固定式沥青熔化设备
		معدات تسخين وتذويب الأسفلت المتحركة بالطاقة الشمسية 太阳能加热移动式沥青熔化设备

(续表)

组/ مجموعات	型/ أنواع	产品/ منتجات
آلات بناء أرصفة الأسفلت 沥青路面施工机械	معدات ملء الأسفلت 沥青灌装设备	معدات ملء الأسفلت الأسطوانية 筒装沥青灌装设备
		معدات ملء الأسفلت بأكياس 袋装沥青灌装设备
	جهاز إزالة الاسفلت 沥青脱桶装置	جهاز إزالة الأسفلت الثابت 固定式沥青脱桶装置
		جهاز إزالة الأسفلت المتحرك 移动式沥青脱桶装置
	معدات تعديل الأسفلت 沥青改性设备	آلة تعديل الأسفلت بالخلاطة 搅拌式沥青改性设备
		آلة تعديل الأسفلت بالمطحنة الغروانية 胶体磨式沥青改性设备
	معدات استحلاب الأسفلت 沥青乳化设备	معدات استحلاب الأسفلت المتحركة 移动式沥青乳化设备
		معدات استحلاب الأسفلت الثابتة 固定式沥青乳化设备
آلات بناء أرصفة الخرسانة 水泥面施工机械	مبلط الرصيف الخرساني 水泥混凝土摊铺机	مبلط الرصيف الخرساني الانزلاقي 滑模式水泥混凝土摊铺机
		مبلط الرصيف الخرساني المداري 轨道式水泥混凝土摊铺机
	آلة ترصيف الطرق المتعددة الوظائف 多功能路缘石铺筑机	آلة ترصيف الطرق الخرسانية المزنجرة 履带式水泥混凝土路缘铺筑机
		آلة ترصيف الطرق الخرسانية المدارية 轨道式水泥混凝土路缘铺筑机
		آلة ترصيف الطرق الخرسانية الإطارية 轮胎式水泥混凝土路缘铺筑机
	آلة تحزيز الرصيف الخرساني 切缝机	آلة تحزيز الرصيف الخرساني اليدوية 手扶式水泥混凝土路面切缝机
		آلة تحزيز الرصيف الخرساني المدارية 轨道式水泥混凝土路面切缝机
		آلة تحزيز الرصيف الخرساني الإطارية 轮胎式水泥混凝土路面切缝机
	عارضة هزاز الخرسانة 水泥混凝土路面振动梁	عارضة هزاز الخرسانة 单梁式水泥混凝土路面振动梁
		عارضة هزاز الخرسانة المزدوجة 双梁式水泥混凝土路面振动梁

（续表）

مجموعات/组	أنواع/型	منتجات/产品
آلات بناء أرصفة الخرسانة 水泥面施工机械	آلة تمشيط الرصيف الخرساني 水泥混凝土路面抹光机	آلة تمشيط الرصيف الخرساني الكهربائية 电动式水泥混凝土路面抹光机
آلات بناء أرصفة الخرسانة 水泥面施工机械	آلة تمشيط الرصيف الخرساني 水泥混凝土路面抹光机	آلة تمشيط الرصيف الخرساني الداخلية الاحتراق 内燃式水泥混凝土路面抹光机
آلات بناء أرصفة الخرسانة 水泥面施工机械	آلة تجفيف الرصيف الخرساني 水泥混凝土路面脱水装置	آلة تجفيف الرصيف الخرساني الخوائية 真空式水泥混凝土路面脱水装置
آلات بناء أرصفة الخرسانة 水泥面施工机械	آلة تجفيف الرصيف الخرساني 水泥混凝土路面脱水装置	آلة تجفيف الرصيف الخرساني ذات غشاء وسادة الهواء 气垫膜式水泥混凝土路面脱水装置
آلات بناء أرصفة الخرسانة 水泥面施工机械	آلة ملء سطح الرصيف 路面灌缝机	آلة ملء سطح الرصيف المقطورة 拖式路面灌缝机
آلات بناء أرصفة الخرسانة 水泥面施工机械	آلة ملء سطح الرصيف 路面灌缝机	آلة ملء سطح الرصيف الذاتية التقدم 自行式路面灌缝机
آلات البناء لقاعدة الرصيف 路面基层施工机械	خلاط التربة المستقرة 稳定土拌和机	خلاط التربة المستقرة المزنجر 履带式稳定土拌和机
آلات البناء لقاعدة الرصيف 路面基层施工机械	خلاط التربة المستقرة 稳定土拌和机	خلاط التربة المستقرة الإطاري 轮胎式稳定土拌和机
آلات البناء لقاعدة الرصيف 路面基层施工机械	معدات خلط التراب الثابت 稳定土拌和设备	معدات خلط التراب الثابت القسرية 强制式稳定土拌和设备
آلات البناء لقاعدة الرصيف 路面基层施工机械	معدات خلط التراب الثابت 稳定土拌和设备	معدات خلط التراب الثابت الذاتية الهبوط 自落式稳定土拌和设备
آلات البناء لقاعدة الرصيف 路面基层施工机械	فارشة التراب الثابت 稳定土摊铺机	فارشة التراب الثابت المزنجرة 履带式稳定土摊铺机
آلات البناء لقاعدة الرصيف 路面基层施工机械	فارشة التراب الثابت 稳定土摊铺机	فارشة التراب الثابت الإطالاية 轮胎式稳定土摊铺机
معدات بناء الطرق المساعدة 路面附属设施施工机械	آلة لبناء خط التحرز 护栏施工机械	مدق الخوازيق ومنزعة الخوازيق 打桩、拔桩机
معدات بناء الطرق المساعدة 路面附属设施施工机械	آلات لبناء الخطوط والعلامات 标线标志施工机械	آلة الرش لعلامات الطلاء بدرجة الحرارة العادية 常温漆标线喷涂机
معدات بناء الطرق المساعدة 路面附属设施施工机械	آلات لبناء الخطوط والعلامات 标线标志施工机械	آلة رسم الخط لعلامات الطلاء بدرجة الحرارة العالية 热熔漆标线划线机
معدات بناء الطرق المساعدة 路面附属设施施工机械	آلات لبناء الخطوط والعلامات 标线标志施工机械	آلة إزالة العلامة 标线清除机

(续表)

مجموعات/组	أنواع/型	منتجات/产品
معدات بناء الطرق المساعدة 路面附属设施施工机械	آلات لبناء الخناديق المجاري 边沟、护坡施工机械	آلة حفر الخنادق 开沟机
		فارشة المجرى الجانبي 边沟摊铺机
		فارشة المجرى المنحدر 护坡摊铺机
آلات صيانة الرصيف 路面养护机械	آلة الصيانة المتعددة الوظائف 多功能养护机	آلة الصيانة المتعددة الوظائف 多功能养护机
	آلة إصلاح حفر الرصيف الأسفلتي 沥青路面坑槽修补机	آلة إصلاح حفرة الرصيف الأسفلتي 沥青路面坑槽修补机
	آلة إصلاح تسخين الرصيف الأسفلتي 沥青路面加热修补机	آلة إصلاح تسخين الرصيف الأسفلتي 沥青路面加热修补机
	آلة إصلاح الحفرة النفاثة 喷射式坑槽修补机	آلة إصلاح الحفرة النفاثة 喷射式坑槽修补机
	آلة إصلاح التجديد 再生修补机	آلة إصلاح التجديد 再生修补机
	آلة توسيع الشق 扩缝机	آلة توسيع الشق 扩缝机
	آلة قطع حفرة 坑槽切边机	آلة قطع حفرة 坑槽切边机
	آلة تغطية صغيرة 小型罩面机	آلة تغطية صغيرة 小型罩面机
	آلة قطع الرصيف 路面切割机	آلة قطع الرصيف 路面切割机
	عربات الصهريج، سيارة رش الطرق 洒水车	عربات الصهريج، سيارة رش الطرق 洒水车
	آلة طحن الرصيف 路面刨铣机	آلة طحن الرصيف المزنجرة 履带式路面刨铣机
		آلة طحن الرصيف الإطارية 轮胎式路面刨铣机

（续表）

مجموعات /组	أنواع /型	منتجات /产品
آلات صيانة الرصيف 路面养护机械	مركبة لصيانة الرصيف الأسمنتي 沥青路面养护车	مركبة ذاتية التقدم لصيانة الرصيف الأسمنتي 自行式沥青路面养护车
		مركبة مقطورة لصيانة الرصيف الأسمنتي 拖式沥青路面养护车
	مركبة لصيانة الرصيف الخرساني الأسمنتي 水泥混凝土路面养护车	مركبة ذاتية التقدم لصيانة الرصيف الخرساني الأسمنتي 自行式水泥混凝土路面养护车
		مركبة مقطورة لصيانة الرصيف الخرساني الأسمنتي 拖式水泥混凝土路面养护车
	كسارة الرصيف الاسمنتي 水泥混凝土路面破碎机	كسارة الرصيف الخرساني الاسمنتي الذاتية التقدم 自行式水泥混凝土路面破碎机
		كسارة الرصيف الخرساني الاسمنتي المقطورة 拖式水泥混凝土路面破碎机
	آلة ختم الطين 稀浆封层机	آلة ختم الطين الذاتية التقدم 自行式稀浆封层机
		آلة ختم الطين المقطورة 拖式稀浆封层机
	آلة استعادة الرمال 回砂机	آلة استعادة الرمال ذات لوح تسوية الطفال الرملي 刮板式回砂机
		آلة استعادة الرمال الدوارة 转子式回砂机
	آلة حز الرصيف 路面开槽机	آلة حز الرصيف اليدوية 手扶式路面开槽机
		آلة حز الرصيف الذاتية التقدم 自行式路面开槽机
	آلة ملء سطح الرصيف 路面灌缝机	آلة ملء سطح الرصيف المقطورة 拖式路面灌缝机
		آلة ملء سطح الرصيف الذاتية التقدم 自行式路面灌缝机
	آلة تسخين رصيف الأسفلت 沥青路面加热机	آلة تسخين رصيف الأسفلت الذاتية التقدم 自行式沥青路面加热机
		آلة تسخين رصيف الأسفلت المقطورة 拖式沥青路面加热机
		آلة تسخين رصيف الأسفلت المتعلقة 悬挂式沥青路面加热机
	آلة إعادة التدوير الساخنة لرصيف الأسفلت 沥青路面热再生机	آلة إعادة التدوير الساخنة الذاتية التقدم لرصيف الأسفلت 自行式沥青路面热再生机
		آلة إعادة التدوير الساخنة المقطورة لرصيف الأسفلت 拖式沥青路面热再生机
		آلة إعادة التدوير الساخنة المتعلقة لرصيف الأسفلت 悬挂式沥青路面热再生机

（续表）

مجموعات /组	أنواع /型	منتجات /产品
آلات صيانة الرصيف 路面养护机械	آلة إعادة التدوير البادرة لرصيف الأسفلت 沥青路面冷再生机	آلة إعادة التدوير البادرة الذاتية التقدم لرصيف الأسفلت 自行式沥青路面冷再生机
		آلة إعادة التدوير البادرة المقطورة لرصيف الأسفلت 拖式沥青路面冷再生机
		آلة إعادة التدوير البادرة المتعلقة لرصيف الأسفلت 悬挂式沥青路面冷再生机
	معدات إعادة تدوير الأسفلت المستحلب 乳化沥青再生设备	معدات إعادة تدوير الأسفلت المستحلب الثابتة 固定式乳化沥青再生设备
		معدات إعادة تدوير الأسفلت المستحلب المتحركة 移动式乳化沥青再生设备
	معدات إعادة تدوير الأسفلت الرغوي 泡沫沥青再生设备	معدات إعادة تدوير الأسفلت الرغوي الثابتة 固定式泡沫沥青再生设备
		معدات إعادة تدوير الأسفلت الرغوي المتحركة 移动式泡沫沥青再生设备
	آلة ختم الحصى 碎石封层机	آلة ختم الحصى 碎石封层机
	قطار الخلط التجديدي في الموقع 就地再生搅拌列车	قطار الخلط التجديدي في الموقع 就地再生搅拌列车
	آلة تسخين الرصيف 路面加热机	آلة تسخين الرصيف 路面加热机
	خلاط تسخين الطرق 路面加热复拌机	خلاط تسخين الطرق 路面加热复拌机
	جزازة العشب 割草机	جزازة العشب 割草机
	آلة تقليم الأشجار 树木修剪机	آلة تقليم الأشجار 树木修剪机
	كاسحة الطرق 路面清扫机	كاسحة الطرق 路面清扫机
	آلة تنظيف الدرابزين 护栏清洗机	آلة تنظيف الدرابزين 护栏清洗机
	سيارة علامة سلامة البناء 施工安全指示牌车	سيارة علامة سلامة البناء 施工安全指示牌车
	آلة إصلاح الخندق الجانبي 边沟修理机	آلة إصلاح الخندق الجانبي 边沟修理机
	إضاءة ليلية 夜间照明设备	إضاءة ليلية 夜间照明设备

（续表）

组/مجموعات	型/أنواع	产品/منتجات
آلات صيانة الرصيف 路面养护机械	آلة الانتعاش لنفاذية الرصيف 透水路面恢复机	آلة الانتعاش لنفاذية الرصيف 透水路面恢复机
	آلات إزالة الثلج 除冰雪机械	شاحنة الدوار لإزالة الثلج 转子式除雪机
		محراث لإزالة الثلج 犁式除雪机
		محراث لإزالة الثلج الحلزوني 螺旋式除雪机
		شاحنة متحدة لإزالة الثلج 联合式除雪机
		شاحنة لإزالة الثلج 除雪卡车
		آلة النشر لعامل ذوبان الثلج 融雪剂撒布机
		رشاشة لذوبان الثلج 融雪液喷洒机
		آلة إزالة الجليد النفاثة 喷射式除冰雪机
آلات أخرى 其他路面施工与养护机械		

7 混凝土机械 آلات الخرسانة

组/مجموعات	型/أنواع	产品/منتجات
خلاط 搅拌机	خلاط الخرسانة العاكس التفريغ بالمسنن المخروطي 锥形反转出料式搅拌机	خلاط الخرسانة العاكس التفريغ بالمسنن المخروطي 齿圈锥形反转出料混凝土搅拌机
		خلاط الخرسانة العاكس التفريغ بالاحتكاك المخروطي 摩擦锥形反转出料混凝土搅拌机
		خلاط الخرسانة العاكس التفريغ بمحرك الاحتراق الداخلي 内燃机驱动锥形反转出料混凝土搅拌机

(续表)

组/مجموعات	型/أنواع	产品/منتجات
خلاط 搅拌机	خلاط عاكس التفريغ بالمسنن 锥形倾翻出料式搅拌机	خلاط الخرسانة المائل التفريغ بالمسنن المخروطي 齿圈锥形倾翻出料混凝土搅拌机
		خلاط الخرسانة المائل التفريغ بالتحتكاك المخروطي 摩擦锥形倾翻出料混凝土搅拌机
		الشحن الإطاري الهيدرولي الكامل 轮胎式全液压装载机
	خلاط توربيني 涡桨式搅拌机	خلاط الخرسانة التوربيني 涡桨式混凝土搅拌机
	خلاط كوكبي 行星式搅拌机	خلاط الخرسانة الكوكبي 行星式混凝土搅拌机
	خلاط الخرسانة الأحادي العمود الأفقي المتغذي بالمكنة 单卧轴式搅拌机	خلاط الخرسانة الأحادي العمود الأفقي المتغذي بالمكنة 单卧轴式机械上料混凝土搅拌机
		خلاط الخرسانة الأحادي العمود الأفقي المتغذي بالضغط الهيدروليكي 单卧轴式液压上料混凝土搅拌机
	خلاط ثنائي العمود الأفقي 双卧轴式搅拌机	وحدة خلط الخرسانة الثنائية العمود الأفقي بالمكنة 双卧轴式机械上料混凝土搅拌机
		وحدة خلط الخرسانة الثنائية العمود الأفقي المتغذي بالضغط الهيدروليكي 双卧轴式液压上料混凝土搅拌机
	خلاط مستمر 连续式搅拌机	خلاط الخرسانة المستمر 连续式混凝土搅拌机
برج خلط الخرسانة 混凝土搅拌楼	وحدة الخلط المخروطية العاكسة التفريغ 锥形反转出料式搅拌楼	وحدة الخلط الخرسانية المخروطية العاكسة التفريغ المزدوجة المحرك 双主机锥形反转出料混凝土搅拌楼
	وحدة الخلط الخرسانة المخروطية المائلة التفريغ 锥形倾翻出料式搅拌楼	وحدة الخلط الخرسانية المخروطية العاكسة التفريغ الثنائية المحرك 双主机锥形倾翻出料混凝土搅拌楼
		وحدة الخلط الخرسانية المخروطية العاكسة التفريغ الثلاثية المحرك 三主机锥形倾翻出料混凝土搅拌楼
		وحدة الخلط الخرسانية المخروطية العاكسة التفريغ الرباعية المحرك 四主机锥形倾翻出料混凝土搅拌楼

（续表）

组/مجموعات	型/أنواع	产品/منتجات
برج خلط الخرسانة 混凝土搅拌楼	وحدة الخلط التوربينية 涡桨式搅拌楼	وحدة الخلط الخرسانية التوربينية الأحادية المحرك 单主机涡桨式混凝土搅拌楼
		وحدة الخلط الخرسانية التوربينية الثنائية المحرك 双主机涡桨式混凝土搅拌楼
	وحدة الخلط الكوكبية 行星式搅拌楼	وحدة الخلط الخرسانية الكوكبية الأحادية المحرك 单主机行星式混凝土搅拌楼
		وحدة الخلط الخرسانية الكوكبية الثنائية المحرك 双主机行星式混凝土搅拌楼
	وحدة الخلط الأحادية العمود الأفقي 单卧轴式搅拌楼	وحدة الخلط الخرسانية الأحادية العمود الأفقي الأحادية المحرك 单主机单卧轴式混凝土搅拌楼
		وحدة الخلط الخرسانية الأحادية العمود الأفقي الثنائية المحرك 双主机单卧轴式混凝土搅拌楼
	وحدة الخلط الثنائية العمود الأفقي 双卧轴式搅拌楼	وحدة الخلط الخرسانية الثنائية العمود الأفقي الأحادية المحرك 单主机双卧轴式混凝土搅拌楼
		وحدة الخلط الخرسانية الثنائية العمود الأفقي الثنائية المحرك 双主机双卧轴式混凝土搅拌楼
	وحدة الخلط المستمرة 连续式搅拌楼	وحدة خلط الخرسانة المستمرة 连续式混凝土搅拌楼
محطة خلط الخرسانة 混凝土搅拌站	محطة الخلط المخروطية العاكسة التفريغ 锥形反转出料式搅拌站	محطة خلط الخرسانة المخروطية العاكسة التفريغ 锥形反转出料式混凝土搅拌站
	محطة الخلط المخروطية المائلة التفريغ 锥形倾翻出料式搅拌站	محطة خلط الخرسانة المخروطية المائلة التفريغ 锥形倾翻出料式混凝土搅拌站
	محطة الخلط التوربينية 涡桨式搅拌站	محطة خلط الخرسانة التوربينية 涡桨式混凝土搅拌站
	محطة الخلط الكوكبية 行星式搅拌站	محطة خلط الخرسانة الكوكبية 行星式混凝土搅拌站
	محطة الخلط الأحادية العمود الأفقي 单卧轴式搅拌站	محطة خلط الخرسانة الأحادية العمود الأفقي 单卧轴式混凝土搅拌站

(续表)

组/ مجموعات	型/ أنواع	产品/ منتجات
محطة خلط الخرسانة 混凝土搅拌站	محطة الخلط الثنائية العمود الأفقي 双卧轴式搅拌站	محطة خلط الخرسانة الثنائية العمود الأفقي 双卧轴式混凝土搅拌站
	محطة الخلط المستمرة 连续式搅拌站	محطة خلط الخرسانة المستمرة 连续式混凝土搅拌站
ناقلة خلط الخرسانة 混凝土搅拌运输车	ناقلة الخلاطة الذاتية التقدم 自行式搅拌运输车	
ناقلة خلط الخرسانة 混凝土搅拌运输车	ناقلة الخلاطة الذاتية التقدم 自行式搅拌运输车	ناقلة خلط الخرسانة مع جهاز التحميل 带上料装置混凝土搅拌运输车
		ناقلة خلط الخرسانة مع مضخة الخرسانة 带臂架混凝土泵混凝土搅拌运输车
		ناقلة خلط الخرسانة مع آلية إمالة 带倾翻机构混凝土搅拌运输车
	ناقلة الخلاطة المقطورة 拖式搅拌运输车	ناقلة خلط الخرسانة 混凝土搅拌运输车
مضخة الخرسانة 混凝土泵	مضخة ثابتة 固定式泵	مضخة الخرسانة الثابتة 固定式混凝土泵
	مضخة مقطورة 拖式泵	مضخة الخرسانة المقطورة 拖式混凝土泵
	مضخة مثبتة على شاحنة 车载式泵	مضخة الخرسانة المثبتة على شاحنة 车载式混凝土泵
ذراع صب الخرسانة 混凝土布料杆	ذراع الصب الملفوفة 卷折式布料杆	ذراع صب الخرسانة الملفوفة 卷折式混凝土布料杆
	ذراع الصب المنطوية بشكل Z “Z”形折叠式布料杆	ذراع صب الخرسانة المنطوية بشكل Z “Z”形折叠式混凝土布料杆
	ذراع الصب التلسكوبية 伸缩式布料杆	ذراع صب الخرسانة التلسكوبية 伸缩式混凝土布料杆

（续表）

مجموعات /组	أنواع /型	منتجات /产品
ذراع صب الخرسانة 混凝土布料杆	ذراع الصب المشتركة 组合式布料杆	ذراع صب الخرسانة الملفوفة والمنطوية بشكل Z 卷折“Z”形折叠组合式混凝土布料杆
		ذراع صب الخرسانة التلسكوبية والملفوفة بشكل Z “Z”形折叠伸缩组合式混凝土布料杆
		ذراع صب الخرسانة التلسكوبية والملفوفة 卷折伸缩组合式混凝土布料杆
شاحنة مضخة الخرسانة بالذراع 臂架式混凝土泵车	شاحنة المضخة بالذراع الشاملة 整体式泵车	شاحنة مضخة الخرسانة بالذراع الشاملة 整体式臂架式混凝土泵车
	شاحنة المضخة بالذراع شبه المتعلقة 半挂式泵车	شاحنة مضخة الخرسانة بالذراع شبه المتعلقة 半挂式臂架式混凝土泵车
	شاحنة المضخة بالذراع المتعلقة الكاملة 全挂式泵车	شاحنة مضخة الخرسانة بالذراع المتعلقة الكاملة 全挂式臂架式混凝土泵车
آلة طائرة الخرسانة 混凝土喷射机	بخاخ أسطواني 缸罐式喷射机	بخاخ الخرسانة الأسطواني 缸罐式混凝土喷射机
	بخاخ حلزوني 螺旋式喷射机	بخاخ الخرسانة الحلزوني 螺旋式混凝土喷射机
	بخاخ الدوار 转子式喷射机	بخاخ الخرسانة الدوار 转子式混凝土喷射机
مناور بخ الخرسانة الميكاني 混凝土喷射机械手	مناور بخ الخرسانة الميكاني 混凝土喷射机械手	مناور بخ الخرسانة الميكاني 混凝土喷射机械手
ساندة بخ الخرسانة 混凝土喷射台车	ساندة بخ الخرسانة 混凝土喷射台车	ساندة بخ الخرسانة 混凝土喷射台车
آلة صب الخرسانة 混凝土浇注机	آلة الصب المدارية 轨道式浇注机	آلة صب الخرسانة المدارية 轨道式混凝土浇注机
	آلة الصب الإطارية 轮胎式浇注机	آلة صب الخرسانة الإطارية 轮胎式混凝土浇注机
	آلة الصب الثابتة 固定式浇注机	آلة صب الخرسانة الثابتة 固定式混凝土浇注机
هزاز الخرسانة 混凝土振动器	هزاز داخلي الاهتزاز 内部振动式振动器	هزاز الخرسانة المحشور اللين العمود الكوكبي الكهربائي 电动软轴行星插入式混凝土振动器

(续表)

مجموعات/组	أنواع/型	منتجات/产品
هزاز الخرسانة 混凝土振动器	هزاز داخلي الاهتزاز 内部振动式振动器	هزاز الخرسانة المحشور اللين العمود اللاتمركزي الكهربائي 电动软轴偏心插入式混凝土振动器
		هزاز الخرسانة المحشور اللين العمود الكوكبي الداخلي الاحتراق 内燃软轴行星插入式混凝土振动器
		هزاز الخرسانة الكهربائي بالمحرك الداخلي 电机内装插入式混凝土振动器
	هزاز خارجي الاهتزاز 外部振动式振动器	هزاز الخرسانة اللوحي 平板式混凝土振动器
		هزاز الخرسانة الملحق 附着式混凝土振动器
		هزاز الخرسانة الملحق الاهتزازي الأحادي الاتجاه 单向振动附着式混凝土振动器
منضدة هزاز الخرسانة 混凝土振动台	منضدة هزاز الخرسانة 混凝土振动台	منضدة هزاز الخرسانة 混凝土振动台
ناقلة التسليم الهوائي بالجملة 气卸散装水泥运输车	ناقلة التسليم الهوائي بالجملة 气卸散装水泥运输车	ناقلة التسليم الهوائي بالجملة 气卸散装水泥运输车
محطة تنظيف وإعادة تدوير الخرسانة 混凝土清洗回收站	محطة تنظيف وإعادة تدوير الخرسانة 混凝土清洗回收站	محطة تنظيف وإعادة تدوير الخرسانة 混凝土清洗回收站
محطة توزيع الخرسانة 混凝土配料站	محطة توزيع الخرسانة 混凝土配料站	محطة توزيع الخرسانة 混凝土配料站
آلات الخرسانة الأخرى 其他混凝土机械		

8 掘进机械 آلات الحفر

مجموعات/组	أنواع/型	منتجات/产品
آلة حفر الأنفاق 全断面隧道掘进机	آلة الحفر 盾构机	آلة الحفر المتوازنة بضغط الأرض 土压平衡式盾构机
		آلة الحفر المتوازنة بضغط الطين السائل 泥水平衡式盾构机
		آلة الحفر بالطين 泥浆式盾构机
		آلة الحفر بالطين السائل 泥水式盾构机
		آلة الحفر بشكل خاص 异型盾构机
	آلة حفر الأنفاق الصخرية الصلبة 硬岩掘进机	آلة حفر الأنفاق الصخرية الصلبة 硬岩掘进机
	آلة حفر الأنفاق المشتركة 组合式掘进机	آلة حفر الأنفاق المشتركة 组合式掘进机
آلات غير مستخدمة للحفر 非开挖设备	ثقابة أفقية الاتجاه 水平定向钻	ثقابة أفقية الاتجاه 水平定向钻
	آلة اصطياد الأنابيب 顶管机	
آلة حفر الأنفاق 巷道掘进机		
آلات الحفر الأخرى 其他掘进机械		

9 桩工机械 آلات دق الخوازيق

组/ مجموعات	型/ أنواع	产品/ منتجات
مطرقة دق الخوازيق بالديزل 柴油打桩锤	مطرقة الخوازيق الأنبوبية 筒式打桩锤	مطرقة الخوازيق الأنبوبية بمحرك الديزل بالماء البارد 水冷筒式柴油打桩锤
		مطرقة الخوازيق الأنبوبية بمحرك الديزل بالهواء البارد 风冷筒式柴油打桩锤
	مطرقة الخوازيق الذراعية 导杆式打桩锤	مطرقة الخوازيق الذراعية بمحرك الديزل 导杆式柴油打桩锤
مطرقة هيدرولية 液压锤	مطرقة هيدرولية 液压锤	مطرقة هيدرولية 液压打桩锤
مطرقة الخوازيق الاهتزازي 振动桩锤	مطرقة ميكانيكية 机械式桩锤	مطرقة كومة الاهتزاز العادية 普通振动桩锤
	مطرقة هيدرولية بمحرك 液压马达式桩锤	مطرقة هيدرولية بمحرك 液压马达式振动桩锤
	مطرقة هيدرولية 液压式桩锤	مطرقة هيدرولية 液压振动锤
إطار الركائز 桩架	إطار الركائز الأنبوبي 走管式桩架	إطار الركائز الأنبوبي بمطرقة الديزل 走管式柴油打桩架
	إطار الركائز المداري 轨道式桩架	إطار الركائز المداري بمطرقة الديزل 轨道式柴油锤打桩架
	إطار الركائز المزنجر 履带式桩架	إطار الركائز المزنجر بمطرقة الديزل بثلاث ركائز 履带三支点式柴油锤打桩架
	إطار الركائز الماشي 步履式桩架	إطار الركائز الماشي 步履式桩架
	إطار الركائز المتعلق 悬挂式桩架	إطار الركائز المزنجر المتعلق بمطرقة الديزل 履带悬挂式柴油锤桩架
مدق الخوازيق 压桩机	مدق الخوازيق المضغوط بالضغط الميكانيكي 机械式压桩机	مدق الخوازيق المضغوط بالضغط الميكانيكي 机械式压桩机
	مدق الخوازيق المضغوط بالضغط الهيدرولي 液压式压桩机	مدق الخوازيق المضغوط بالضغط الهيدرولي 液压式压桩机

(续表)

组/مجموعات	型/أنواع	产品/منتجات
جهاز الحفر، ثاقب 成孔机	آلة التثقيب الحلزونية 螺旋式成孔机	آلة التثقيب الحلزونية الطويلة 长螺旋钻孔机
		آلة التثقيب الحلزونية الطويلة المضغوطة 挤压式长螺旋钻孔机
		آلة التثقيب الحلزونية الطويلة ذات الجلبة 套管式长螺旋钻孔机
		آلة التثقيب الحلزونية القصيرة 短螺旋钻孔机
جهاز الحفر، ثاقب 成孔机	آلة التجويف تحت المياة 潜水式成孔机	آلة التجويف تحت المياة 潜水钻孔机
	آلة التجويف الدوارة 正反回转式成孔机	آلة التجويف ذات صينية الدوران 转盘式钻孔机
		آلة التجويف ذات صينية الدوران 动力头式钻孔机
	آلة التجويف بالتخريم والكباش 冲抓式成孔机	آلة التجويف بالتخريم والكباش 冲抓成孔机
	آلة التجويف ذات الجلبة الكاملة 全套管式成孔机	آلة التجويف ذات الرأس الديناميكي 全套管钻孔机
	آلة تثقيب الترباس 锚杆式成孔机	آلة تثقيب الترباس 锚杆钻孔机
	آلة التجويف الماشي 步履式成孔机	آلة التجويف الماشية الحلزونية الحفر 步履式旋挖钻孔机
	آلة التجويف المزنجرة 履带式成孔机	آلة التجويف المزنجرة الحلزونية الحفر 履带式旋挖钻孔机
	آلة التجويف المثبتة على شاحنة 车载式成孔机	آلة التجويف الحلزونية الحفر المثبتة على شاحنة 车载式旋挖钻孔机
	آلة التجويف المتعدد الأعمدة 多轴式成孔机	آلة التجويف المتعدد الأعمدة 多轴钻孔机

(续表)

مجموعات/组	أنواع/型	منتجات/产品
آلة الحز للجدار المستمر تحت الأرض 地下连续墙成槽机	آلة الحز ذات حبل السلك 钢丝绳式成槽机	كباش ميكانيكي للجدار المستمر 机械式连续墙抓斗
	آلة الحز ذات الذراع 导杆式成槽机	كباش هيدرولي للجدار المستمر 液压式连续墙抓斗
	شبه آلة الحز ذات الذراع 半导杆式成槽机	كباش هيدرولي للجدار المستمر 液压式连续墙抓斗
	آلة الحز بالطحن 铣削式成槽机	آلة الحز بعجلتين 双轮铣成槽机
	آلة الحز الخلاطة 搅拌式成槽机	خلاط ذو عجلتين 双轮搅拌机
	آلة الحز تحت الماء 潜水式成槽机	آلة الحز المتعددة الأعمدة الأفقية تحت الماء 潜水式垂直多轴成槽机
محرك دق الخوازيق بمطرقة ساقطة 落锤打桩机	مدق الخوازيق الميكانيكي 机械式打桩机	مدق الخوازيق الميكانيكي بهبوط المطرقة 机械式落锤打桩机
	مدق الخوازيق بطراز الفرانك 法兰克式打桩机	مدق الخوازيق بطراز الفرانك 法兰克式打桩机
ماكينات تقوية القاعدة الأرضية الناعمة 软地基加固机械	ماكينات التقوية الاهتزازية 振冲式加固机械	هزاز اجترافي 水冲式振冲器
		هزاز جاف 干式振冲器
	ماكينات التقوية بإدراج اللوحة 插板式加固机械	آلة الكومة لسد العجز 插板桩机
	ماكينات التقوية بالدك 强夯式加固机械	آلة تدك 强夯机
	ماكينات التقوية الاهتزازية 振动式加固机械	آلة كومة الرمل 砂桩机
	ماكينات التقوية الحلزونية البخ 旋喷式加固机械	ماكينات التقوية الحلزونية البخ للقاعدة الأرضية الناعمة 旋喷式软地基加固机

（续表）

مجموعات/组	أنواع/型	منتجات/产品
آلة استخراج عينات التراب 取土器	آلة استخراج التراب ذات الجدار السميك 厚壁取土器	آلة استخراج التراب ذات الجدار السميك 厚壁取土器
	آلة استخراج التراب ذات الجدار الرقيق والفتحة 敞口薄壁取土器	آلة استخراج التراب ذات الجدار الرقيق والفتحة 敞口薄壁取土器
	آلة استخراج التراب ذات الجدار الرقيق والكباس المتحرك 自由活塞薄壁取土器	آلة استخراج التراب ذات الجدار الرقيق والكباس المتحرك 自由活塞薄壁取土器
	آلة استخراج التراب ذات الجدار الرقيق والكباس الثابت 固定活塞薄壁取土器	آلة استخراج التراب ذات الجدار الرقيق والكباس الثابت 固定活塞薄壁取土器
	آلة استخراج التراب الهيدرولية ذات الكباس الثابت 水压固定薄壁取土器	آلة استخراج التراب الهيدرولية ذات الكباس الثابت 水压固定薄壁取土器
	آلة استخراج التراب الأصفر 黄土取土器	آلة استخراج التراب الأصفر 黄土取土器
	آلة استخراج الرمل 取砂器	
آلات دق الخوازيق الأخرى 其他桩工机械		

10 市政与环卫机械 الهندسة البلدية والآلات الصحية

مجموعات /组	أنواع /型	منتجات /产品
آلات الصرف الصحي 环卫机械	عربة مكنسة 扫路车(机)	عربة مكنسة 扫路车
		مكنسة، كناس، قشاش 扫路机
	عربة مكنسة 吸尘车	عربة مكنسة 吸尘车
	عربة التنظيف 洗扫车	عربة التنظيف 洗扫车
	عربة التنظيف 清洗车	عربة التنظيف 清洗车
		عربة التنظيف لخط التحرز 护栏清洗车
		عربة تنظيف الجدران 洗墙车
	عربات الصهريج، سيارة رش الطرق 洒水车	عربات الصهريج، سيارة رش الطرق 洒水车
		عربات الصهريج للتنظيف 清洗洒水车
		عربات الصهريج للغابات 绿化喷洒车
	شاحنة شفط البراز 吸粪车	شاحنة شفط البراز 吸粪车
	سيارة المرحاض 厕所车	سيارة المرحاض 厕所车
	سيارة نقل النفايات 垃圾车	سيارة نقل النفايات المضغوطة 压缩式垃圾车
		سيارة نقل النفايات بقلابة أوتوماتيكية 自卸式垃圾车
		سيارة جمع النفايات 垃圾收集车
		سيارة جمع النفايات بقلابة أوتوماتيكية 自卸式垃圾收集车
		سيارة جمع النفايات الثلاثية العجلة 三轮垃圾收集车
		سيارة نقل النفايات بقلابة أوتوماتيكية 自装卸式垃圾车

（续表）

مجموعات/组	أنواع/型	منتجات/产品
آلات الصرف الصحي 环卫机械	سيارة نقل النفايات 垃圾车	سيارة نقل النفايات بذراع 摆臂式垃圾车
		سيارة نقل النفايات القابلة للتفكك 车厢可卸式垃圾车
		سيارة نقل النفايات المصنفة 分类垃圾车
		سيارة نقل النفايات المصنفة المضغوطة 压缩式分类垃圾车
		سيارة نقل النفايات 垃圾转运车
		سيارة نقل النفايات ذات البراميل 桶装垃圾运输车
		سيارة نقل النفايات للمطابخ 餐厨垃圾车
		سيارة نقل النفايات ذات للطب 医疗垃圾车
	معدات للتخلص من القمامة 垃圾处理设备	ضاغط النفايات 垃圾压缩机
		بلودوزر مزنجر للنفايات 履带式垃圾推土机
		حفارة مزنجرة للنفايات 履带式垃圾挖掘机
		عربة معالجة مرتشح القمامة 垃圾渗滤液处理车
		معدات لمحطة نقل النفايات 垃圾中转站设备
		آلة تصنيف النفايات 垃圾分拣机
		موقد لحرق النفايات 垃圾焚烧炉
		كسارة النفايات 垃圾破碎机
		معدات فرز النفايات 垃圾堆肥设备
		معدات حرق النفايات 垃圾填埋设备

（续表）

组/مجموعات	型/أنواع	产品/منتجات
آلات البناء البلدي 市政机械	آلة تجريف الأنابيب 管道疏通机械	شاحنة المجاري 吸污车
		شاحنة المجاري للتنظيف 清洗吸污车
		مركبة الصيانة للصرف الصحي 下水道综合养护车
		مركبة التجريف للصرف الصحي 下水道疏通车
		مركبة التجريف والتنظيف للصرف الصحي 下水道疏通清洗车
		آلة الحفر 掏挖车
		معدات لتصليح الصرف الصحي وتفتيشه 下水道检查修补设备
		شاحنة الحمأة 污泥运输车
	آلالات لترسيخ الأسلاك الكهربائية 电杆埋架机械	آلالات لترسيخ الأسلاك الكهربائية 电杆埋架机械
	معدات وضع الأنابيب 管道铺设机械	معدات وضع الأنابيب 铺管机
معدات وقوف السيارات وتنظيفها 停车洗车设备	معدات وقوف السيارات رأسيا 垂直循环式停车设备	
	معدات وقوف السيارات المتعددة الطبقات 多层循环式停车设备	معدات وقوف السيارات المتعددة الطبقات دائريا 多层圆形循环式停车设备
		معدات وقوف السيارات المتعددة الطبقات مستطيلا 多层矩形循环式停车设备
	معدات وقوف السيارات أفقيا 水平循环式停车设备	معدات وقوف السيارات دائريا وأفقيا 水平圆形循环式停车设备
		معدات وقوف السيارات مستطيلا وأفقيا 水平矩形循环式停车设备

(续表)

组/ مجموعات	型/ أنواع	产品/ منتجات
معدات وقوف السيارات وتنظيفها 停车洗车设备	معدات وقوف السيارات رفعيا 升降机式停车设备	معدات وقوف السيارات رأسيا 升降机纵置式停车设备
		معدات وقوف السيارات أفقيا 升降机横置式停车设备
		معدات وقوف السيارات دائريا 升降机圆置式停车设备
	معدات وقوف السيارات المتحركة رفعيا 升降移动式停车设备	معدات وقوف السيارات المتحركة رأسيا 升降移动纵置式停车设备
		معدات وقوف السيارات المتحركة أفقيا 升降移动横置式停车设备
	معدات وقوف السيارات الترددية أفقيا 平面往复式停车设备	
	معدات وقوف السيارات الثنائية الطبقة 两层式停车设备	معدات وقوف السيارات الثنائية الطبقة رأسيا 两层升降式停车设备
		معدات وقوف السيارات الثنائية الطبقة رأسيا وأفقيا 两层升降横移式停车设备
	معدات وقوف السيارات المتعددة الطبقات 多层式停车设备	معدات وقوف السيارات المتعددة الطبقات رأسيا 多层升降式停车设备
		معدات وقوف السيارات المتعددة الطبقات رأسيا وأفقيا 多层升降横移式停车设备
	معدات وقوف السيارات ذات الصينية الدوارة 汽车用回转盘停车设备	المنصة الدوارة للسيارات 旋转式汽车用回转盘
		المنصة الدوارة المتحركة للسيارات 旋转移动式汽车用回转盘
	معدات وقوف السيارات لمصعد السيارات 汽车用升降机停车设备	مصعد السيارات 升降式汽车用升降机
		مصعد السيارات الدوار 升降回转式汽车用升降机
		مصعد السيارات العبور 升降横移式汽车用升降机
	معدات وقوف السيارات ذات المنصة الدوارة 旋转平台停车设备	منصة دوارة 旋转平台
	آلات غسل السيارات 洗车场机械设备	آلات غسل السيارات 洗车场机械设备

（续表）

组/مجموعات	型/أنواع	产品/منتجات
آلات البستنة 园林机械	آلة الحفر لزراعة الأشجار 植树挖穴机	آلة الحفر الذاتية التقدم لزراعة الأشجار 自行式植树挖穴机
		آلة الحفر اليدوية لزراعة الأشجار 手扶式植树挖穴机
	آلة شتل الأشجار 树木移植机	آلة شتل الأشجار الذاتية التقدم 自行式树木移植机
		آلة شتل الأشجار المقطورة 牵引式树木移植机
		آلة شتل الأشجار المتعلقة 悬挂式树木移植机
	آلة حاملة الأشجار 运树机	آلة حاملة الأشجار المقطورة المتعددة الدلاء 多斗拖挂式运树机
	مركبة الرش لأغراض المتعددة 绿化喷洒多用车	مركبة الرش الهيدرولية لأغراض المتعددة 液力喷雾式绿化喷洒多用车
	آلة جز العشب 剪草机	آلة جز العشب اليدوية ذات الخراطة 手推式旋刀剪草机
		آلة جز العشب المقطورة ذات المقطع 拖挂式滚刀剪草机
		آلة جز العشب المقطعة ذأت والكرسي 乘座式滚刀剪草机
		آلة جز العشب الذاتية التقدم ذات المقطع 自行式滚刀剪草机
		آلة جز العشب اليدوية ذات المقطع 手推式滚刀剪草机
		آلة جز العشب الذاتية التقدم الترددية 自行式往复剪草机
		آلة جز العشب اليدوية الترددية 手推式往复剪草机
		آلة جز العشب ذات السكين 甩刀式剪草机
		آلة جز العشب ذات الوسادة 气垫式剪草机
معدات الترفيه 娱乐设备	معدات الترفيه لسيارة 车式娱乐设备	سيارة سباق صغيرة 小赛车
		سيارة الوفير 碰碰车

(续表)

مجموعات/组	أنواع/型	منتجات/产品
معدات الترفيه 娱乐设备	معدات الترفيه لسيارة 车式娱乐设备	سيارة لمشاهدة المناظر 观览车
		سيارة البطارية 电瓶车
		سيارة لمشاهدة المناظر 观光车
	معدات الترفيه المائية 水上娱乐设备	قارب البطارية 电瓶船
		قارب الدواسة 脚踏船
		قارب الوفير 碰碰船
		قارب الشجاعة في التيار السريع 激流勇进船
		يخت 水上游艇
	معدات الترفيه الأرضية 地面娱乐设备	آلة التسلية 游艺机
		الترامبولين 蹦床
		أحصنة دورية 转马
		سريع للغاية 风驰电掣
	معدات الترفيه الجوية 腾空娱乐设备	طائرة دوارة ذاتية التحكم 旋转自控飞机
		صاروخ القمر 登月火箭
		المقعد الدوار في الهواء 空中转椅
		السفر الفضائي 宇宙旅行
	معدات الترفيه الأخرى 其他娱乐设备	معدات الترفيه الأخرى 其他娱乐设备
الهندسة البلدية والآلات الصحية الأخرى 其他市政与环卫机械		

11 混凝土制品机械 آلات المنتجات الخرسانية

组/مجموعات	型/أنواع	产品/منتجات
آلة تشكيل القطع الخرسانية 混凝土砌块成型机	متحرك 移动式	آلة تشكيل القطع الخرسانية الهيدروليكية المتحركة 移动式液压脱模混凝土砌块成型机
		آلة تشكيل القطع الخرسانية الميكانيكية المتحركة 移动式机械脱模混凝土砌块成型机
		آلة تشكيل القطع الخرسانية المصطنعة المتحركة 移动式人工脱模混凝土砌块成型机
	ثابت 固定式	آلة تشكيل القطع الخرسانية الهيدروليكية الثابتة باهتزاز القالب 固定式模振液压脱模混凝土砌块成型机
		آلة تشكيل القطع الخرسانية الميكانيكية الثابتة باهتزاز القالب 固定式模振机械脱模混凝土砌块成型机
		آلة تشكيل القطع الخرسانية المصطنعة الثابتة باهتزاز القالب 固定式模振人工脱模混凝土砌块成型机
		آلة تشكيل القطع الخرسانية الهيدروليكية الثابتة باهتزاز المنصة 固定式台振液压脱模混凝土砌块成型机
		آلة تشكيل القطع الخرسانية الميكانيكية الثابتة باهتزاز المنصة 固定式台振机械脱模混凝土砌块成型机
		آلة تشكيل القطع الخرسانية المصطنعة الثابتة باهتزاز المنصة 固定式台振人工脱模混凝土砌块成型机
	متداخل الأطباق 叠层式	آلة تشكيل القطع الخرسانية المتداخلة الأطباق 叠层式混凝土砌块成型机
	متناثر الأطباق 分层布料式	آلة تشكيل القطع الخرسانية المتناثرة الأطباق 分层布料式混凝土砌块成型机

（续表）

مجموعات/组	أنواع/型	منتجات/产品
معدات إنتاج القطع الخرسانية 混凝土砌块生产成套设备	كامل الأوتوماتية 全自动	خط إنتاج القطع الخرسانية الكامل الأوتوماتية باهتزاز المنصة 全自动台振混凝土砌块生产线
		خط إنتاج القطع الخرسانية الكامل الأوتوماتية باهتزاز القالب 全自动模振混凝土砌块生产线
	نصف أوتوماتي 半自动	خط إنتاج القطع الخرسانية بنصف أوتوماتي باهتزاز المنصة 半自动台振混凝土砌块生产线
		خط إنتاج القطع الخرسانية بنصف أوتوماتي باهتزاز القالب 半自动模振混凝土砌块生产线
	بسيط 简易式	خط إنتاج القطع الخرسانية البسيط باهتزاز المنصة 简易台振混凝土砌块生产线
		خط إنتاج القطع الخرسانية البسيط باهتزاز القالب 简易模振混凝土砌块生产线
معدات تشكيل القطع الخرسانية الخفيفة الوزن 加气混凝土砌块成套设备	معدات تشكيل القطع الخرسانية الخفيفة الوزن 加气混凝土砌块设备	خط إنتاج القطع الخرسانية الخفيفة الوزن 加气混凝土砌块生产线
معدات تشكيل القطع الخرسانية المزبدة 泡沫混凝土砌块成套设备	معدات تشكيل القطع الخرسانية المزبدة 泡沫混凝土砌块设备	خط إنتاج القطع الخرسانية المزبدة 泡沫混凝土砌块生产线
آلة تشكيل الألواح الخرسانية الجوفاء 混凝土空心板成型机	مضغوط 挤压式	آلة تشكيل الألواح الخرسانية الجوفاء المضغوطة لقطعة واحدة بالاهتزاز الخارجي 外振式单块混凝土空心板挤压成型机
		آلة تشكيل الألواح الخرسانية الجوفاء المضغوطة لقطعتين بالاهتزاز الخارجي 外振式双块混凝土空心板挤压成型机
		آلة تشكيل الألواح الخرسانية الجوفاء المضغوطة بالاهتزاز الداخلي 内振式单块混凝土空心板挤压成型机
		آلة تشكيل الألواح الخرسانية الجوفاء المضغوطة لقطعتين بالاهتزاز الداخلي 内振式双块混凝土空心板挤压成型机

(续表)

组/ مجموعات	型/ أنواع	产品/ منتجات
آلة تشكيل الألواح الخرسانية الجوفاء 混凝土空心板成型机	مدفوع 推压式	آلة تشكيل الألواح الخرسانية الجوفاء المدفوعة لقطعة واحدة بالاهتزاز الخارجي 外振式单块混凝土空心板推压成型机
		آلة تشكيل الألواح الخرسانية الجوفاء المدفوعة لقطعتين بالاهتزاز الخارجي 外振式双块混凝土空心板推压成型机
		آلة تشكيل الألواح الخرسانية الجوفاء المدفوعة لقطعة واحدة بالاهتزاز الداخلي 内振式单块混凝土空心板推压成型机
		آلة تشكيل الألواح الخرسانية الجوفاء المدفوعة لقطعتين بالاهتزاز الداخلي 内振式双块混凝土空心板推压成型机
	قالب السحب 拉模式	آلة تشكيل الألواح الخرسانية الجوفاء الذاتية الدفع بقالب السحب بالاهتزاز الخارجي 自行式外振混凝土空心板拉模成型机
		آلة تشكيل الألواح الخرسانية الجوفاء المجرورة بقالب السحب بالاهتزاز الخارجي 牵引式外振混凝土空心板拉模成型机
		آلة تشكيل الألواح الخرسانية الجوفاء الذاتية الدفع بقالب السحب بالاهتزاز الداخلي 自行式内振混凝土空心板拉模成型机
		آلة تشكيل الألواح الخرسانية الجوفاء المجرورة بقالب السحب بالاهتزاز الداخلي 牵引式内振混凝土空心板拉模成型机
آلة تشكيل مكونات الخرسانة 混凝土构件成型机	آلة التشكيل بشكل منصة اهتزازية 振动台式成型机	آلة تشكيل مكونات الخرسانة بشكل منصة اهتزازية كهربائية 电动振动台式混凝土构件成型机
		آلة تشكيل مكونات الخرسانة بشكل منصة اهتزازية هوائية 气动振动台式混凝土构件成型机

(续表)

مجموعات/组	أنواع/型	منتجات/产品
آلة تشكيل مكونات الخرسانة 混凝土构件成型机	آلة التشكيل بشكل منصة اهتزازية 振动台式成型机	آلة تشكيل مكونات الخرسانة بشكل منصة اهتزازية دون العارضة 无台架振动台式混凝土构件成型机
		آلة تشكيل مكونات الخرسانة بشكل منصة اهتزازية أفقية الاتجاه 水平定向振动台式混凝土构件成型机
		آلة تشكيل مكونات الخرسانة بشكل منصة اهتزازية دفعية 冲击振动台式混凝土构件成型机
		آلة تشكيل مكونات الخرسانة بشكل منصة اهتزازية بعجلة متدحرجة 滚轮脉冲振动台式混凝土构件成型机
		آلة تشكيل مكونات الخرسانة بشكل منصة اهتزازية مشتركة الأجزاء 分段组合振动台式混凝土构件成型机
آلة تشكيل الأنابيب الخرسانية 混凝土管成型机	بالطرد المركزي 离心式	آلة تشكيل الأنابيب الخرسانية ذات أسطوانة بالطرد المركزي 滚轮离心式混凝土管成型机
		آلة تشكيل الأنابيب الخرسانية ذات خراطة بالطرد المركزي 车床离心式混凝土管成型机
	مضغوط 挤压式	آلة تشكيل الأنابيب الخرسانية المضغوطة ذات الدرافيل 悬辊式挤压混凝土管成型机
		آلة تشكيل الأنابيب الخرسانية المضغوطة رأسيا 立式挤压混凝土管成型机
		آلة تشكيل الأنابيب الخرسانية المضغوطة الاهتزازية رأسيا 立式振动挤压混凝土管成型机

(续表)

مجموعات/组	أنواع/型	منتجات/产品
آلة تشكيل بلاط الاسمنت 水泥瓦成型机	آلة تشكيل بلاط الاسمنت 水泥瓦成型机	آلة تشكيل بلاط الاسمنت 水泥瓦成型机
معدات تشكيل ألواح الحائط 墙板成型设备	آلة تشكيل ألواح الحائط 墙板成型机	آلة تشكيل ألواح الحائط 墙板成型机
آلة الإصلاح للأجزاء الخرسانية 混凝土构件修整机	آلة امتصاص الماء الخوائية 真空吸水装置	آلة امتصاص الماء الخرسانية الخوائية 混凝土真空吸水装置
	مقطع 切割机	مقطع خرساني يدوي 手扶式混凝土切割机
		مقطع خرساني ذاتي التقدم 自行式混凝土切割机
	آلة تمشيط الرصيف 表面抹光机	آلة تمشيط الرصيف الخرساني اليدوية 手扶式混凝土表面抹光机
		آلة تمشيط الرصيف الخرساني الذاتية 自行式混凝土表面抹光机
	آلة الطحن 磨口机	آلة طحن الأنابيب الخرسانية 混凝土管件磨口机
صندقة وملحقاتها الآلات 模板及配件机械	مطحنة الدرفلة بقالب الصلب 钢模板轧机	مطحنة الدرفلة المستمرة بقالب الصلب 钢模版连轧机
		مطحنة الضلع بقالب الصلب 钢模板凸棱轧机
	آلة التنظيف بقالب الصلب 钢模板清理机	آلة التنظيف بقالب الصلب 钢模板清理机
	آلة معايرة بقالب الصلب 钢模板校形机	آلة معايرة متعددة الوظائف بقالب الصلب 钢模板多功能校形机
	تركيبات قالب الصلب 钢模板配件	آلة تشكيل بطاقة على شكل يو بقالب الصلب 钢模板 U 形卡成型机
		آلة استقامة أنابيب الصلب بقالب الصلب 钢模板钢管校直机
آلات المنتجات الخرسانية الأخرى 其他混凝土制品机械		

12 高空作业机械 آلات العمل الجوي

组/ مجموعات	型/ أنواع	产品/ منتجات
شاحنة للأعمال الجوية 高空作业车	شاحنة عادية للأعمال الجوية 普通型高空作业车	شاحنة تلسكوبية الذراع للأعمال الجوية 伸臂式高空作业车
		شاحنة ملفوفة الذراع للأعمال الجوية 折叠臂式高空作业车
		شاحنة للأعمال الجوية رأسيا 垂直升降式高空作业车
		شاحنة مشتركة للأعمال الجوية 混合式高空作业车
	شاحنة لتقليم الأشجار العالية 高树剪枝车	شاحنة لتقليم الأشجار العالية 高树剪枝车
		شاحنة مقطورة لتقليم الأشجار العالية 拖式高空剪枝车
	عربة جوية عازلة 高空绝缘车	عربة جوية عازلة ذات ذراع 高空绝缘斗臂车
		عربة جوية عازلة مقطورة 拖式高空绝缘车
	معدات معالجة الأعطال للجسور 桥梁检修设备	عربة معالجة الأعطال للجسور 桥梁检修车
		منصة معالجة الأعطال المقطورة للجسور 拖式桥梁检修平台
	عربة جوية للتصوير 高空摄影车	عربة جوية للتصوير 高空摄影车
	شاحنة الرفع للدعم الأرضي والدعم الجوي 航空地面支持车	شاحنة الرفع للدعم الأرضي والدعم الجوي 航空地面支持用升降车
	عربة إزالة الجليد للطائرة 飞机除冰防冰车	عربة إزالة الجليد للطائرة 飞机除冰防冰车
	مركبة إنقاذ النار 消防救援车	مركبة إنقاذ النار في الارتفاع العالية 高空消防救援车
منصة العمل الجوي 高空作业平台	منصة العمل الجوي الشوكية 剪叉式高空作业平台	منصة العمل الجوي الشوكية الثابتة 固定剪叉式高空作业平台
		منصة العمل الجوي الشوكية المتحركة 移动剪叉式高空作业平台
		منصة العمل الجوي الشوكية الذاتية التقدم 自行剪叉式高空作业平台

（续表）

مجموعات/组	أنواع/型	منتجات/产品
منصة العمل الجوي 高空作业平台	منصة العمل الجوي الذراعية 臂架式高空作业平台	منصة العمل الجوي الذراعية الثابتة 固定臂架式高空作业平台
		منصة العمل الجوي الذراعية المتحركة 移动臂架式高空作业平台
		منصة العمل الجوي الذراعية الذاتية التقدم 自行臂架式高空作业平台
	منصة العمل الجوي الأسطوانية 套筒油缸式高空作业平台	منصة العمل الجوي الأسطوانية الثابتة 固定套筒油缸式高空作业平台
		منصة العمل الجوي الأسطوانية المتحركة 移动套筒油缸式高空作业平台
		منصة العمل الجوي الأسطوانية الذاتية التقدم 自行套筒油缸式高空作业平台
	منصة العمل الجوي الدقلية 桅柱式高空作业平台	منصة العمل الجوي الدقلية الثابتة 固定桅柱式高空作业平台
		منصة العمل الجوي الدقلية المتحركة 移动桅柱式高空作业平台
		منصة العمل الجوي الدقليةالذاتية التقدم 自行桅柱式高空作业平台
	منصة العمل الجوي الإطارية 导架式高空作业平台	منصة العمل الجوي الإطارية الثابتة 固定导架式高空作业平台
		منصة العمل الجوي الإطارية المتحركة 移动导架式高空作业平台
		منصة العمل الجوي الإطارية الذاتية التقدم 自行导架式高空作业平台
آلات العمل الجوي الأخرى 其他高空作业机械		

13 装修机械 آلات الديكور

مجموعات/组	أنواع/型	منتجات/产品
تجهيز الملاط وآلات الطلاء 砂浆制备及喷涂机械	آلة الغربال 筛砂机	آلة الغربال الكهربائية 电动式筛砂机
	خلاط الهاون 砂浆搅拌机	خلاط الهاون أفقياً 卧轴式灰浆搅拌机

(续表)

مجموعات/组	أنواع/型	منتجات/产品
تجهيز الملاط وآلات الطلاء 砂浆制备及喷涂机械	خلاط الهاون 砂浆搅拌机	خلاط الهاون رأسياً 立轴式灰浆搅拌机
		خلاط الهاون بأسطوانة دوارة 筒转式灰浆搅拌机
	مضخة نقل الهاون 泵浆输送泵	مضخة الهاون مع أسطوانة واحدة بمكبس 柱塞式单缸灰浆泵
		مضخة الهاون مع أسطوانتين بمكبس 柱塞式双缸灰浆泵
		مضخة الهاون مع غشاء 隔膜式灰浆泵
		مضخة الهاون تعمل بالهواء المضغوط 气动式灰浆泵
		مضخة الهاون تعمل بالضغط 挤压式灰浆泵
		مضخة الهاون الحلزونية 螺杆式灰浆泵
	آلة الهاون المشتركة 砂浆联合机	آلة الهاون المشتركة 灰浆联合机
	مجفف الرماد 淋灰机	مجفف الرماد 淋灰机
	خلاط الرماد بقنب 麻刀灰拌和机	خلاط الرماد بقنب 麻刀灰拌和机
آلة رش الطلاء 涂料喷刷机械	مضخة الرش 喷浆泵	مضخة الرش 喷浆泵
	بخاخ بدون هواء 无气喷涂机	بخاخ هوائي بدون هواء 气动式无气喷涂机
		بخاخ كهربائي بدون هواء 电动式无气喷涂机
		بخاخ الاحتراق الداخلي بدون هواء 内燃式无气喷涂机
		بخاخ الضغط العالي بدون هواء 高压无气喷涂机
	بخاخ هوائي 有气喷涂机	بخاخ هوائي بإفراغ الهواء 抽气式有气喷涂机
		بخاخ هوائي بالذوبان الذاتي 自落式有气喷涂机

(续表)

مجموعات/组	أنواع/型	منتجات/产品
آلة رش الطلاء 涂料喷刷机械	آلة رش البلاستيك 喷塑机	آلة رش البلاستيك 喷塑机
	آلة رش الجص 石膏喷涂机	آلة رش الجص 石膏喷涂机
معدات الطلاء وآلة الرش 油漆制备及喷涂机械	آلة رش الطلاء 油漆喷涂机	آلة رش الطلاء 油漆喷涂机
	خلاط الطلاء 油漆搅拌机	خلاط الطلاء 油漆搅拌机
آلة تشطيب الأرضيات 地面修整机械	آلة تلميع السطح 地面抹光机	آلة تلميع السطح 地面抹光机
	آلة تلميع الأرض 地板磨光机	آلة تلميع الأرض 地板磨光机
	طاحونة طيدة 踢脚线磨光机	طاحونة طيدة 踢脚线磨光机
	آلة التيرازو على الأرض 地面水磨石机	ألة التيرازو الأحادية القرص 单盘水磨石机
		ألة التيرازو الثنائية القرص 双盘水磨石机
		ألة التيرازو على أرض ماسي 金刚石地面水磨石机
	مسحاج الأرض 地板刨平机	مسحاج الأرض 地板刨平机
	جهاز الواكس 打蜡机	جهاز الواكس 打蜡机
	منظف الأرض 地面清除机	منظف الأرض 地面清除机
	آلة قطع بلاط الأرضيات 地板砖切割机	آلة قطع بلاط الأرضيات 地板砖切割机
آلات تزيين السقف 屋面装修机械	آلة طلاء الأسفلت 涂沥青机	آلة طلاء الأسفلت للتسقيف 屋面涂沥青机
	آلة التلبيد 铺毡机	آلة التلبيد للتسقيف 屋面铺毡机
سلة النفقات العامة 高处作业吊篮	سلة العمل العالية الارتفاع اليدوية 手动式高处作业吊篮	سلة العمل العالية الارتفاع اليدوية 手动高处作业吊篮
	سلة العمل العالية الارتفاع الهوائية 气动式高处作业吊篮	سلة العمل العالية الارتفاع الهوائية 气动高处作业吊篮

（续表）

组/مجموعات	型/أنواع	产品/منتجات
سلة النفقات العامة 高处作业吊篮	سلة العمل العالية الارتفاع الإلكترونية 电动式高处作业吊篮	سلة العمل العالية الارتفاع الإلكترونية بحبل 电动爬绳式高处作业吊篮
		سلة العمل العالية الارتفاع الإلكترونية بونش 电动卷扬式高处作业吊篮
آلة تنظيف النوافذ 擦窗机	منظف النوافذ المركب على عجلة القيادة 轮毂式擦窗机	منظف النوافذ الملفوفة الذراع ذو السعة المتغيرة المركب على عجلة القيادة 轮毂式伸缩变幅擦窗机
		منظف النوافذ ذو السعة المتغيرة المركب على عجلة القيادة بترولل 轮毂式小车变幅擦窗机
		منظف النوافذ المتحرك الذراع ذو السعة المتغيرة المركب على عجلة القيادة 轮毂式动臂变幅擦窗机
	منظف النوافذ المداري لسقف 屋面轨道式擦窗机	منظف النوافذ المداري الملفوفة الذراع ذو السعة المتغيرة لسقف 屋面轨道式伸缩臂变幅擦窗机
		منظف النوافذ المداري ذو السعة المتغيرة لسقف بترولل 屋面轨道式小车变幅擦窗机
		منظف النوافذ المداري المتحرك الذراع ذو السعة المتغيرة لسقف 屋面轨道式动臂变幅擦窗机
	منظف النوافذ المداري المعلق 悬挂轨道式擦窗机	منظف النوافذ المداري المعلق 悬挂轨道式擦窗机
	منظف النوافذ من نوع الإدراج 插杆式擦窗机	منظف النوافذ من نوع الإدراج 插杆式擦窗机
	منظف النوافذ الانزلاقي 滑梯式擦窗机	منظف النوافذ الانزلاقي 滑梯式擦窗机
آلات الديكور للبناء 建筑装修机具	آلة التسمير 射钉机	آلة التسمير 射钉机
	مكشطة 铲刮机	مكشطة كهربائية 电动铲刮机
	آلة الحز 开槽机	آلة حز الخرسانة 混凝土开槽机

(续表)

组/ مجموعات	型/ أنواع	产品/ منتجات
آلات الديكور للبناء 建筑装修机具	آلة قطع الحجر 石材切割机	آلة قطع الحجر 石材切割机
	آلة قطع الشرائط المعدنية 型材切割机	آلة قطع الشرائط المعدنية 型材切割机
	منزعة 剥离机	منزعة 剥离机
	آلة تلميع الزاوية 角向磨光机	آلة تلميع الزاوية 角向磨光机
	آلة قطع الخرسانة 混凝土切割机	آلة قطع الخرسانة 混凝土切割机
	آلة قطع الخرسانة ودرزها 混凝土切缝机	آلة قطع الخرسانة ودرزها 混凝土切缝机
	آلة حفر الخرسانة 混凝土钻孔机	آلة حفر الخرسانة 混凝土钻孔机
	آلة تلميع التيرازو 水磨石磨光机	آلة تلميع التيرازو 水磨石磨光机
	صاقور كهربائية 电镐	صاقور كهربائية 电镐
آلات الديكور الأخرى 其他装修机械	آلة وضع الورق على الجدران 贴墙纸机	آلة وضع الورق على الجدران 贴墙纸机
	آلة الحجر بحلزونية 螺旋洁石机	آلة الحجر بحلزونية 单螺旋洁石机
	مثقب 穿孔机	مثقب 穿孔机
	آلة العصر مع فتحات 孔道压浆机	آلة العصر مع فتحات 孔道压浆机器
	مكنة اللي 弯管机	مكنة اللي 弯管机
	آلة قطع خيوط الأنابيب 管子套丝切断机	آلة قطع خيوط الأنابيب 管子套丝切断机

（续表）

مجموعات/组	أنواع/型	منتجات/产品
آلات الديكور الأخرى 其他装修机械	آلة انحناء خيوط الأنابيب 管材弯曲套丝机	آلة انحناء خيوط الأنابيب 管材弯曲套丝机
	آلة الشطف 坡口机	آلة الشطف 电动坡口机
	آلة الطلاء المرنة 弹涂机	آلة الطلاء المرنة 电动弹涂机
	آلة الطلاء الدوارة 滚涂机	آلة الطلاء الدوارة 电动滚涂机

14 钢筋及预应力机械 أسياخ حديدية وماكينات سابقة الإجهاد

مجموعات/组	أنواع/型	منتجات/产品
آلات تكثيف الأسياخ الحديدية 钢筋强化机械	آلة سحب الأسياخ الحديدية على البارد 钢筋冷拉机	آلة سحب الأسياخ الحديدية على البارد ذات محرك الرحوية 卷扬机式钢筋冷拉机
		آلة سحب الأسياخ الحديدية الهيدرولية على البارد 液压式钢筋冷拉机
		آلة سحب الأسياخ الحديدية الأسطوانية على البارد 滚轮式钢筋冷拉机
	آلة سحب الأسياخ الحديدية على البارد 钢筋冷拔机	آلة سحب الأسياخ الحديدية القائمة على البارد 立式冷拔机
		آلة سحب الأسياخ الحديدية الأفقية على البارد 卧式冷拔机
		آلة سحب الأسياخ الحديدية الترادفية على البارد 串联式冷拔机
	آلة تشكيل الأسياخ الحديدية المضلعة الباردة 冷轧带肋钢筋成型机	آلة تشكيل الأسياخ الحديدية القائدة المضلعة الباردة 主动冷轧带肋钢筋成型机
		آلة تشكيل الأسياخ الحديدية المقودة المضلعة الباردة 被动冷轧带肋钢筋成型机

(续表)

组/ مجموعات	型/ أنواع	产品/ منتجات
آلات تصنيع الأسياخ الحديدية 单件钢筋成型机械	آلة قطع الأسياخ الحديدية 钢筋切断机	آلة قطع الأسياخ الحديدية اليدوية 手持式钢筋切断机
		آلة قطع الأسياخ الحديدية الأفقية 卧式钢筋切断机
		آلة قطع الأسياخ الحديدية القائمة 立式钢筋切断机
		آلة قطع الأسياخ الحديدية الشوكية 颚剪式钢筋切断机
	خط قطع الأسياخ الحديدية 钢筋切断生产线	خط قطع الأسياخ الحديدية 钢筋剪切生产线
		خط نشر الأسياخ الحديدية 钢筋锯切生产线
	آلة استقامة الأسياخ الحديدية وقطعها 钢筋调直切断机	آلة ميكانيكية لاستقامة الأسياخ الحديدية وقطعها 机械式钢筋调直切断机
		آلة هيدرولية لاستقامة الأسياخ الحديدية وقطعها 液压式钢筋调直切断机
		آلة هوائية لاستقامة الأسياخ الحديدية وقطعها 气动式钢筋调直切断机
	آلة لي الأسياخ الحديدية 钢筋弯曲机	آلة ثني الصلب الميكانيكية 机械式钢筋弯曲机
		آلة ثني الصلب الهيدروليكية 液压式钢筋弯曲机
	خط لي الأسياخ الحديدية 钢筋弯曲生产线	خط لي الأسياخ الحديدية القائم 立式钢筋弯曲生产线
		خط لي الأسياخ الحديدية الأفقي 卧式钢筋弯曲生产线
	آلة ثني الصلب 钢筋弯弧机	آلة ثني الصلب الميكانيكية 机械式钢筋弯弧机
		آلة ثني الصلب الهيدروليكية 液压式钢筋弯弧机
	آلة ثني الأسياخ الحديدية 钢筋弯箍机	آلة ثني الصلب الرقمية 数控钢筋弯箍机
	آلة تشكيل برغي الأسياخ الحديدية 钢筋螺纹成型机	آلة تشكيل برغي الأسياخ الحديدية المخروطة 钢筋锥螺纹成型机
		آلة تشكيل برغي الأسياخ الحديدية المستقيمة 钢筋直螺纹成型机

(续表)

组/ مجموعات	型/ أنواع	产品/ منتجات
آلات تصنيع الأسياخ الحديدية 单件钢筋成型机械	خط إنتاج برغي الأسياخ الحديدية 钢筋螺纹生产线	خط إنتاج برغي الأسياخ الحديدية 钢筋螺纹生产线
	آلة المطرقة للأسياخ الحديدية 钢筋墩头机	آلة المطرقة للأسياخ الحديدية 钢筋墩头机
آلة تصنيع الأسياخ الحديدية المشتركة 组合钢筋成型机械	آلة لحام الأسياخ الحديدية 钢筋网成型机	آلة لحام الأسياخ الحديدية 钢筋网焊接成型机
	آلة التشكيل لأقفاص الأسياخ الحديدية 钢筋笼成型机	آلة التشكيل اليدوية أقفاص الأسياخ الحديدية 手动焊接钢筋笼成型机
		آلة التشكيل الأوتوماتي أقفاص الأسياخ الحديدية 自动焊接钢筋笼成型机
	آلة التشكيل لإطارات الأسياخ الحديدية 钢筋桁架成型机	آلة التشكيل الميكانيكية لإطارات الأسياخ الحديدية 机械式钢筋桁架成型机
		آلة التشكيل الهيدرولية لإطارات الأسياخ الحديدية 液压式钢筋桁架成型机
آلة ربط الصلب 钢筋连接机械	آلة اللحام التقابلي للأسياخ الحديدية 钢筋对焊机	آلة اللحام التقابلي الميكانيكية للأسياخ الحديدية 机械式钢筋对焊机
		آلة اللحام التقابلي الهيدرولية للأسياخ الحديدية 液压式钢筋对焊机
	آلة اللحام للضغط الكهربائي للأسياخ الحديدية 钢筋电渣压力焊机	آلة اللحام للضغط الكهربائي للأسياخ الحديدية 钢筋电渣压力焊机
	آلة اللحام الرئوي للأسياخ الحديدية 钢筋气压焊机	آلة اللحام الرئوي المقفلة للأسياخ الحديدية 闭合式气压焊机
		آلة اللحام الرئوي المفتوحة للأسياخ الحديدية 敞开式气压焊机
	آلة ضغط الأكمام للأسياخ الحديدية 钢筋套筒挤压机	آلة ضغط الأكمام للأسياخ الحديدية رأسيا 径向钢筋套筒挤压机
		آلة ضغط الأكمام للأسياخ الحديدية أفقيا 轴向钢筋套筒挤压机

（续表）

مجموعات /组	أنواع /型	منتجات /产品
آلة الإجهاد المسبق للصلب 预应力机械	الآلة المتقدمة الإجهاد لتصنيع أسلاك الفولاذ 预应力钢筋墩头器	آلة البند الباردة الكهربائية 电动冷镦机
		آلة البند الباردة الهيدروليكية 液压冷镦机
	الآلة المتقدمة الإجهاد لسحب قضبان الصلب 预应力钢筋张拉机	الآلة المتقدمة الإجهاد الميكانيكية لسحب قضبان الصلب 机械式张拉机
		الآلة المتقدمة الإجهاد الهيدرولية لسحب قضبان الصلب 液压式张拉机
	الآلة المتقدمة الإجهاد لاختراق الخيوط 预应力钢筋穿束机	الآلة المتقدمة الإجهاد لاختراق الخيوط 预应力钢筋穿束机
		الآلة المتقدمة الإجهاد لحشو الصلب 预应力钢筋灌浆机
	جاك الإجهاد المتقدم 预应力千斤顶	جاك الإجهاد المتقدم الأمامي 前卡式预应力千斤顶
		جاك الإجهاد المتقدم المستمر 连续式预应力千斤顶
معدات الإجهاد المسبق للصلب 预应力机具		
أسياخ حديدية أخرى وماكينات سابقة الإجهاد أخرى 其他钢筋及预应力机械		

15 凿岩机械 آلة حفر الصخور

مجموعات /组	أنواع /型	منتجات /产品
مكنة حفر الصخور 凿岩机	حفارة الصخور اليدوية الهوائية 气动手持式凿岩机	حفارة الصخور اليدوية 手持式凿岩机

（续表）

مجموعات/组	أنواع/型	منتجات/产品
مكنة حفر الصخور 凿岩机	حفارة الصخور الهوائية 气动凿岩机	حفارة الصخور اليدوية الهوائية 手持气腿两用凿岩机
		حفارة الصخور ذات الساق الهوائية 气腿式凿岩机
		حفارة الصخور العالية التردد ذات الساق الهوائية 气腿式高频凿岩机
		حفارة الصخور الهوائية علويا 气动向上式凿岩机
		حفارة الصخور المدارية الهوائية 气动导轨式凿岩机
		حفارة الصخور المدارية الهوائية الدوارة 气动导轨式独立回转凿岩机
	حفارة الاحتراق الداخلي اليدوية 内燃手持式凿岩机	حفارة الاحتراق الداخلي اليدوية 手持式内燃凿岩机
	حفارة الصخور الهيدرولية 液压凿岩机	حفارة الصخور الهيدرولية اليدوية 手持式液压凿岩机
		حفارة الصخور الهيدرولية ذات الساق 支腿式液压凿岩机
		حفارة الصخور الهيدرولية المدارية 导轨式液压凿岩机
	حفارة الصخور الكهربائبة 电动凿岩机	حفارة الصخور الكهربائبة اليدوية 手持式电动凿岩机
		حفارة الصخور الكهربائبة ذات الساق 支腿式电动凿岩机
		حفارة الصخور الكهربائبة المدارية 导轨式电动凿岩机
آلة حفر تعمل في الهواء الطلق 露天钻车钻机	آلة الحفر الهوائية والهيدرولية تعمل في الهواء الطلق 气动、半液压履带式露天钻机	آلة الحفر المجنزرة تعمل في الهواء الطلق 履带式露天钻机
	عربة الحفر الهوائية والهيدرولية تعمل في الهواء الطلق 气动、半液压轨轮式露天钻车	عربة الحفر الإطارية تعمل في الهواء الطلق 轮胎式露天钻车
		عربة الحفر المدارية تعمل في الهواء الطلق 轨轮式露天钻车

(续表)

组/مجموعات	型/أنواع	产品/منتجات
آلة حفر تعمل في الهواء الطلق 露天钻车钻机	آلة الحفر المجنزرة الهيدرولية 液压履带式钻机	آلة الحفر المجنزرة الهيدرولية تعمل في الهواء الطلق 履带式露天液压钻机
		آلة الحفر المجنزرة الهيدرولية للغوص تعمل في الهواء الطلق 履带式露天液压潜孔钻机
	عربة الحفر الهيدرولية 液压钻车	عربة الحفر الهيدرولية الإطارية تعمل في الهواء الطلق 轮胎式露天液压钻车
		عربة الحفر الهيدرولية المدارية تعمل في الهواء الطلق 轨轮式露天液压钻车
آلة حفر تعمل تحت البئر 井下钻车钻机	آلة الحفر المجنزرة الهوائية والهيدرولية 气动、半液压履带式钻机	آلة التعدين المجنزرة 履带式采矿机
		آلة حفر الأنفاق المجنزرة 履带式掘进钻机
		عربة تثقيب الترباس المجنزرة 履带式锚杆钻机
	عربة الحفر الهوائية والهيدرولية 气动、半液压式钻车	عربة الحفر الإطارية للتعدين والأنفاق وتثقيب الترباس 轮胎式采矿掘进锚杆钻车
		عربة الحفر المدارية للتعدين والأنفاق وتثقيب الترباس 轨轮式采矿掘进锚杆钻车
	آلة الحفر المجنزرة الهيدرولية الكاملة 全液压履带式钻机	آلة الحفر المجنزرة الهيدرولية للتعدين والأنفاق وتثقيب الترباس 履带式液压采矿掘进锚杆钻机
	آلة الحفر الهيدرولية الكاملة 全液压钻车	آلة الحفر الإطارية الهيدرولية للتعدين والأنفاق وتثقيب الترباس 轮胎式液压采矿掘进锚杆钻车
		آلة الحفر المدارية الهيدرولية للتعدين والأنفاق وتثقيب الترباس 轨轮式液压采矿掘进锚杆钻车
مطرقة القرع الهوائية للغوص 气动潜孔冲击器	مطرقة القرع للغوص في الهواء المضغوط المنخفض 低气压潜孔冲击器	مطرقة القرع للغوص 潜孔冲击器

（续表）

组/مجموعات	型/أنواع	产品/منتجات
مطرقة القرع الهوائية للغوص 气动潜孔冲击器	مطرقة القرع للغوص في الهواء المضغوط المتوسط والمرتفع 中、高气压潜孔冲击器	مطرقة القرع للغوص في الهواء المضغوط المتوسط والمرتفع 中压高压潜孔冲击器
معدات مساعدة لحفر الصخور 凿岩辅助设备	الساق 支腿	الساق الهوائية والساق المائية والساق الزيتية والساق اليدوية 气腿水腿油腿手摇式支腿
	إطار الحفر العمودي 柱式钻架	إطار الحفر بعمود أو بعمودين 单柱式双柱式钻架
	إطار الحفر القرصي 圆盘式钻架	إطار الحفر القرصي وإطار الحفر بشكل شمسية وإطار الحفر الدائري 圆盘式伞式环形钻架
	الأخرى 其他	مجمع الغبار ومحقنة الزيت وطاحونة ميكانيكية 集尘器、注油器、磨钎机
آلات حفر الصخور الأخرى 其他凿岩机械		

16 气动工具 معدات هوائية

组/مجموعات	型/أنواع	产品/منتجات
معدات هوائية لفافة 回转式气动工具	قلم النقش 雕刻笔	قلم النقش الهوائي 气动雕刻笔
	مثقاب يعمل بالهواء المضغوط، مثقاب رئوي 气钻	مثقاب رئوي مشترك 直柄式枪柄式侧柄式组合用气钻气动开颅钻气动牙钻
	مكنة اللولبة 攻丝机	مكنة اللولبة الهوائية المشتركة 直柄式枪柄式组合用气动攻丝机
	جلاخة 砂轮机	جلاخة هوائية مشتركة 直柄式角向端面式组合气动砂轮机直柄式气动钢丝刷
	مصقلة 抛光机	آلة تلميع الزاوي 端面圆周角向抛光机
	مكنة التلميع 磨光机	مكنة التلميع الهوائية 端面圆周往复式砂带式滑板式三角式气动磨光机

(续表)

مجموعات/组	أنواع/型	منتجات/产品
معدات هوائية لفافة 回转式气动工具	مقطع التفريز 铣刀	مقطع التفريز الهوائي 气铣刀角式气铣刀
	مقص هوائي 气锯	المنشار الهوائي المسلسل 带式带式摆动圆盘式链式气锯气动细锯
	مقص 剪刀	مقص هوائي 气动剪切机气动冲剪机
	هزاز 振动器	هزاز هوائي دوار 回转式气动振动器
معدات هوائية صدمية 冲击式气动工具	آلة التثبيت 铆钉机	آلة التثبيت الهوائية 直柄式弯柄式枪柄式气动铆钉机
		آلة برشام 气动拉铆钉机压铆钉机
	آلة التسمير 打钉机	آلة التسمير الهوائية 气动打钉机条形钉型钉气动打钉机
	دباسة 订合机	دباسة هوائية 气动订合机
	آلة الانحناء 折弯机	آلة الانحناء 折弯机
	جهاز الطباعة 打印器	جهاز الطباعة 打印器
	كماشة 钳	كماشة تعمل بالهواء المضغوط 气动钳液压钳
	آلة تقسيم هيدروليكي 劈裂机	آلة تقسيم هيدروليكي 气动液压劈裂机
	ممدد 扩张器	ممدد هيدرولي 液压扩张机
	مقص هيدرولي 液压剪	مقص هيدرولي 液压剪
	خلاطة 搅拌机	خلاطة هوائية 气动搅拌机
	آلة الربط 捆扎机	آلة الربط الهوائية 气动捆扎机
	آلة الختم 封口机	آلة الختم الهوائية 气动封口机
	مطرقة التكسير 破碎锤	مطرقة التكسير الهوائية 气动破碎锤
	صاقور 镐	صاقور هوائي, صاقور هيدرولي, صاقور داخلي الاحتراق, صاقور كهربائي 气镐、液压镐、内燃镐、电动镐

(续表)

مجموعات /组	أنواع /型	منتجات /产品
معدات هوائية صدمية 冲击式气动工具	مطرقة هوائية 气铲	آلة مجرفة 直柄式弯柄式环柄式气铲铲石机
	آلة التدك 捣固机	آلة التدك بالهواء المضغوط 气动捣固机枕木捣固机夯土捣固机
	سكين 锉刀	سكين هوائي 旋转式往复式旋转往复式旋转摆动式气锉刀
	مكشطة 刮刀	مكشطة هوائية 气动刮刀气动摆动式刮刀
	أداة النقش 雕刻机	أداة النقش الهوائية الدوارة 回转式气动雕刻机
	آلة الاحتكاك 凿毛机	آلة الاحتكاك الهوائية 气动凿毛机
	هزاز 振动器	هزاز هوائي 气动振动棒
		هزاز دفعي 冲击式振动器
آلات هوائية أخرى 其他气动机械	موتور هوائي 气动马达	محرك الريشة الهوائي 叶片式气动马达
		محرك المكبس الهوائي 活塞式轴向活塞式气动马达
		محرك الجير الهوائي 齿轮式气动马达
		محرك التوربينات الهوائي 透平式气动马达
	مضخة هوائية 气动泵	مضخة هوائية 气动泵
		مضخة الحجاب الحاجز الهوائية 气动隔膜泵
	رافعة هوائية 气动吊	رافعة هوائية بحبل الصلب 环链式钢绳式气动吊
	رافعة هوائية 气动绞车绞盘	رافعة هوائية 气动绞车
	مدق الخوازيق الهوائي 气动桩机	مدق الخوازيق الهوائي 气动打桩机拔桩机
معدات هوائية أخرى 其他气动工具		

17 军用工程机械 آلات البناء العسكرية

组/مجموعات	型/أنواع	产品/منتجات
آلات لبناء الطرق 道路机械	عربة هندسية مدرعة 装甲工程车	عربة هندسية مدرعة مجنزرة 履带式装甲工程车
		عربة هندسية مدرعة ذات عجلات 轮式装甲工程车
	عربة هندسية متعددة الأغراض 多用工程车	عربة هندسية مجنزرة متعددة الأغراض 履带式多用工程车
		عربة هندسية متعددة الأغراض ذات العجلات 轮式多用工程车
	بلودوزر 推土机	بلودوزر مجنزر 履带式推土机
		بلودوزر ذو عجلات 轮式推土机
	مكنة التحميل 装载机	مكنة التحميل ذات العجلات 轮式装载机
		مكنة التحميل الانسيابي الانحدار 滑移装载机
	ممهدة 平地机	ممهدة ذاتية السير 自行式平地机
	محدلة الطرقات 压路机	محدلة اهتزازية 振动式压路机
		محدلة ثابتة 静作用式压路机
	شاحنة لإزالة الثلج 除雪机	شاحنة الدوار لإزالة الثلج 轮子式除雪机
		محراث لإزالة الثلج 犁式除雪机
آلات التحصين للمعركة الميدانية 野战筑城机械	حفارة الخنادق 挖壕机	حفارة الخنادق المجنزرة 履带式挖壕机
		حفارة الخنادق ذات العجلات 轮式挖壕机
	حفارة 挖坑机	حفارة مجنزرة 履带式挖坑机
		حفارة ذات عجلات 轮式挖坑机
	حفارة 挖掘机	حفارة مجنزرة 履带式挖掘机

(续表)

مجموعات/组	أنواع/型	منتجات/产品
آلات التحصين للمعركة الميدانية 野战筑城机械	حفارة 挖掘机	حفارة ذات عجلات 轮式挖掘机
		حفارة جبلية 山地挖掘机
	ماكينات العمليات الميدانية 野战工事作业机械	عربة العمليات الميدانية 野战工事作业车
		آلة التشغيل في الغابة الجبلية 山地丛林作业机
	أدوات الحفر 钻孔机具	حفر التربة 土钻
		آلة حفر حفرة سريعة 快速成孔钻机
	آلات تشغيل التربة المجمدة 冻土作业机械	آلة الحفر المتفجرة 机爆式挖壕机
		آلة حفر التربة المجمدة 冻土钻井机
آلات التحصين الجاهزة 永备筑城机械	مكنة حفر الصخور 凿岩机	مكنة حفر الصخور 凿岩机
		ساندة حفر الصخور 凿岩台车
	ضاغط الهواء 空压机	ضاغط الهواء الكهربائي 电动机式空压机
		ضاغط الهواء الداخلي الاحتراق 内燃机式空压机
	آلة تهوية النفق 坑道通风机	آلة تهوية النفق 坑道通风机
	حفارة النفق المشتركة 坑道联合掘进机	حفارة النفق المشتركة 坑道联合掘进机
	محمل الصخور في الأنفاق 坑道装岩机	محمل الصخور المداري 坑道式装岩机
		محمل الصخور الإطاري 轮胎式装岩机
	آلة النفق المغطاة 坑道被覆机械	عربة العفن الصلب 钢模台车
		آلة صب الخرسانة 混凝土浇注机
		آلة طائرة الخرسانة 混凝土喷射机

(续表)

مجموعات/组	أنواع/型	منتجات/产品
آلات التحصين الجاهزة 永备筑城机械	كسارة الصخور 碎石机	كسارة صخور ذات فكين 颚式碎石机
		كسارة مخروطة 圆锥式碎石机
		كسارة الأسطوانة 辊式碎石机
		كسارة مطرقية 锤式碎石机
	آلة التصنيف 筛分机	آلة التصنيف الأسطوانية 滚筒式筛分机
	خلاطة الخرسانة 混凝土搅拌机	خلاطة الخرسانة المائلة التفريغ 倒翻式凝土搅拌机
		خلاطة الخرسانة المنحدرة التفريغ 倾斜式凝土搅拌机
		خلاطة الخرسانة الدوارة 回转式凝土搅拌机
	ألة تصنيع الأسياخ الحديدية 钢筋加工机械	آلة القطع لأضلاع مستقيمة 直筋切筋机
		مكنة الثني 弯筋机
	ألة تصنيع الخشب 木材加工机械	المنشار الآلي 摩托锯
		المنشار الدائري 圆锯机
آلة الألغام وآلة كشف الألغام وكاسحة ألغام 布、探、扫雷机械	آلة الألغام 布雷机械	شاحنة الألغام المجنزرة 履带式布雷车
		شاحنة الألغام ذات العجلات 轮胎式布雷车
	آلات كشف الألغام 探雷机械	عربة كشف الألغام 道路探雷车
	كاسحة ألغام 扫雷机械	كاسحة ألغام ميكانيكية 机械式扫雷车
		كاسحة ألغام شاملة 综合式扫雷车

（续表）

组/مجموعات	型/أنواع	产品/منتجات
آلات لبناء الجسور 架桥机械	لات لبناء الجسور 架桥作业机械	مركبات لبناء الجسور 架桥作业车
	جسر مكانيكي 机械化桥	جسر مكانيكي مجنزر 履带式机械化桥
		جسر مكانيكي إطاري 轮胎式机械化桥
	آلة دق الخوازيق 打桩机械	مدق الخوازيق 打桩机
معدات إمدادات المياه في معركة ميدانية 野战给水机械	سيارة الاستطلاع لمصدر المياه 水源侦察车	سيارة الاستطلاع لمصدر المياه 水源侦察车
	بريمة الحفر 钻井机	بريمة الحفر الدوارة 回转式钻井机
		بريمة الحفر الدفعية 冲击式钻井机
	آلة مضخة المياه 汲水机械	مضخة المياه الداخلية الاحتراق 内燃抽水机
		مضخة المياه الكهربائية 电动抽水机
	آلة تصفية المياه 净水机械	عربة تصفية المياه الذاتية التقدم 自行式净水车
		عربة تصفية المياه المقطورة 拖式净水车
معدات التظاهر 伪装机械	سيارة الاستطلاع المتظاهرة 伪装勘测车	سيارة الاستطلاع المتظاهرة 伪装勘测车
	عربة التظاهر للتشغيل 伪装作业车	عربة التشغيل بالتمويه 迷彩作业车
		عربة تصنع الهدف الزائف 假目标制作车
		عربة التشغيل المرتفعة 遮障(高空)作业车
مركبات ضمان التشغيل 保障作业车辆	محطة متنقلة 移动式电站	محطة متنقلة ذاتية 自行式移动式电站
		محطة متنقلة مقطورة 拖式移动式电站

(续表)

组/مجموعات	型/أنواع	产品/منتجات
مركبات ضمان التشغيل 保障作业车辆	عربة التشغيل الهندسي المعدني والخشبي 金木工程作业车	عربة التشغيل الهندسي المعدني والخشبي 金木工程作业车
	آلة الرفع 起重机械	شاحنة ذات مرفاع 汽车起重机
		مرفاع الإطارات 轮胎式起重机
	عربة هيدرولية لمعالجة الأعطال 液压检修车	عربة هيدرولية لمعالجة الأعطال 液压检修车
	عربة الإصلاح 工程机械修理车	عربة الإصلاح 工程机械修理车
	جرار خاص 专用牵引车	جرار خاص 专用牵引车
	سيارة امدادات الطاقة 电源车	سيارة امدادات الطاقة 电源车
	سيارة امدادات الهواء 气源车	سيارة امدادات الهواء 气源车
آلات البناء العسكرية الأخرى 其他军用工程机械		

18 电梯及扶梯 المصعد والمرقاة المتحركة

组/مجموعات	型/أنواع	产品/منتجات
مصعد كهربائي 电梯	مصعد الركاب 乘客电梯	مصعد الركاب المتناوب التيار 交流乘客电梯
		مصعد الركاب المستمر التيار 直流乘客电梯
		مصعد الركاب الهيدرولي 液压乘客电梯
	مصعد البضاعة 载货电梯	مصعد الركاب المتناوب التيار 交流载货电梯
		مصعد الركاب الهيدرولي 液压载货电梯

（续表）

مجموعات/组	أنواع/型	منتجات/产品
مصعد كهربائي 电梯	مصعد الركتب والبضاعة 客货电梯	مصعد الركاب والبضاعة المتناوب التيار 交流客货电梯
		مصعد الركاب والبضاعة المستمر التيار 直流客货电梯
		مصعد الركاب والبضاعة الهيدرولي 液压客货电梯
	مصعد لأسرّة المستشفي 病床电梯	مصعد لأسرّة المستشفي المتناوب التيار 交流病床电梯
		مصعد لأسرّة المستشفي الهيدرولي 液压病床电梯
	مصعد سكني 住宅电梯	مصعد سكني متناوب التيار 交流住宅电梯
	مصعد لنقل القمامة 杂物电梯	مصعد متناوب التيار لنقل القمامة 交流杂物电梯
	مصعد لمشاهدة المناظر 观光电梯	مصعد متناوب التيار لمشاهدة المناظر 交流观光电梯
		مصعد مستمر التيار لمشاهدة المناظر 直流观光电梯
		مصعد هيدرولي لمشاهدة المناظر 液压观光电梯
	رافع على السفن 船用电梯	رافع متناوب التيار على السفن 交流船用电梯
		رافع هيدرولي على السفن 液压船用电梯
	رافع العربات 车辆用电梯	رافع العربات المتناوب التيار 交流车辆用电梯
		رافع العربات الهيدرولي 液压车辆用电梯
	مصعد صامد للانفجار 防爆电梯	مصعد صامد للانفجار 防爆电梯
مرقاة متحركة 自动扶梯	مرقاة متحركة عادية 普通型自动扶梯	مرقاة متحركة عادية ذات سلسلة 普通型链条式自动扶梯
		مرقاة متحركة عادية ذات ترس 普通型齿条式自动扶梯

(续表)

مجموعات/组	أنواع/型	منتجات/产品
مرقاة متحركة 自动扶梯	مرقاة متحركة عامة 公共交通型自动扶梯	مرقاة متحركة عامة ذات سلسلة 公共交通型链条式自动扶梯
		مرقاة متحركة عامة ذات ترس 公共交通型齿条式自动扶梯
	مرقاة متحركة حلزونية 螺旋形自动扶梯	مرقاة متحركة حلزونية 螺旋形自动扶梯
رصيف أوتوماتي 自动人行道	رصيف أوتوماتي عادي 普通型自动人行道	
	رصيف أوتوماتي عام 公共交通型自动人行道	
المصاعد والمرقاة المتحركة الأخرى 其他电梯及扶梯		

19 工程机械配套件 ملحقات الآلات الهندسية

مجموعات/组	أنواع/型	منتجات/产品
نظام التشغيل 动力系统	محرك داخلي الاحتراق 内燃机	محرك ديزل 柴油发动机
		محرك البنزين 汽油发动机
		محرك الغاز 燃气发动机
		محرك مزدوج الطاقة 双动力发动机
	بطارية الطاقة 动力蓄电池组	بطارية الطاقة 动力蓄电池组
	ملحقات 附属装置	مبرد الماء (خزان المياه) 水散热箱(水箱)
		مبرد الزيت 机油冷却器

(续表)

组/مجموعات	型/أنواع	产品/منتجات
نظام التشغيل 动力系统	ملحقات 附属装置	مروحة التبريد 冷却风扇
		خزان الوقود 燃油箱
		شحان تربيني 涡轮增压器
		مرشح الهواء 空气滤清器
		مرشح الزيت 机油滤清器
		مرشح ديزل 柴油滤清器
		مجموعة مخارج الغاز 排气管(消声器)总成
		مكبس الهواء 空气压缩机
		مولد كهربائي 发电机
		محرك البداية 启动马达
نظام نقل الحركة 传动系统	قابض، دبرياج، فاصل، كلتش 离合器	قابض جاف 干式离合器
		قابض رطب 湿式离合器
	محول عزم 变矩器	محول عزم هيدرولي 液力变矩器
		وحدة توصيل هيدروليكية 液力耦合器
	مغير السرعة 变速器	مغير السرعة الميكانيكي 机械式变速器
		مغير السرعة الدينامي 动力换挡变速器
		مغير السرعة الكهربائي الهيدرولي 电液换挡变速器
	مكنة الدفع 驱动电机	مكنة التيار المستمر 直流电机
		مكنة التيار المتردد 交流电机

(续表)

组/مجموعات	型/أنواع	产品/منتجات
نظام نقل الحركة 传动系统	معدات لعمود التدوير 传动轴装置	عمود التدوير 传动轴
		قارن 联轴器
	محور الإدارة 驱动桥	محور الإدارة 驱动桥
	مخفض السرعة 减速器	ناقل الحركة النهائي 终传动
		التباطؤ بحافة العجلة 轮边减速
جلبة الحشو الهيدرولية 液压密封装置	أسطوانة الزيت 油缸	أسطوانة متوسطة الضغط ومنخفضة الضغط 中低压油缸
		أسطوانة عالية الضغط 高压油缸
		أسطوانة عالية الضغط جدا 超高压油缸
	مضخة هيدرولية 液压泵	مضخة ذات التروس 齿轮泵
		مضخة الريشة 叶片泵
		مضخة بكباس 柱塞泵
	محرك هيدرولي 液压马达	محرك التروس 齿轮马达
		محرك الريشة 叶片马达
		محرك الكباس 柱塞马达
	صمام هيدرولي 液压阀	صمام هيدروليكي متعدد الاتجاهات 液压多路换向阀
		صمام تنظيم الضغط 压力控制阀
		صمام التحكم في التدفق 流量控制阀
		صمام القيادة الهيدروليكي 液压先导阀

（续表）

مجموعات /组	أنواع /型	منتجات /产品
جلبة الحشو الهيدرولية 液压密封装置	جهاز الاختزال الهيدرولي 液压减速机	جهاز الاختزال الماشي 行走减速机
		جهاز الاختزال الدوار 回转减速机
	خزانة الطاقة 蓄能器	خزانة الطاقة 蓄能器
	مجسم الدوران المركزي 中央回转体	مجسم الدوران المركزي 中央回转体
	خراطيم هيدرولية 液压管件	خرطوم عالي الضغط 高压软管
		خرطوم منخفض الضغط 低压软管
		خرطوم منخفض الضغط في درجة الحرارة العالية 高温低压软管
		خرطوم الوصل الهيدرولي المعدني 液压金属连接管
		وصلة الأنابيب الهيدرولية 液压管接头
	ملحقات النظام الهيدرولي 液压系统附件	مرشح الزيت الهيدرولي 液压油滤油器
		مشع الزيت الهيدرولي 液压油散热器
		خزان الزيت الهيدرولي 液压油箱
	جلبة الحشو 密封装置	ختم النفط 动油封件
		ختم ثابت 固定密封件
دورة الإيقاف 制动系统	خزان الهواء 贮气筒	خزان الهواء 贮气筒
	صمام رئوي 气动阀	صمام عاكس هوائي 气动换向阀
		صمام تنظيم الضغط الهوائي 气动压力控制阀
	مجمعوة مضخة الاحتراق 加力泵总成	مجمعوة مضخة الاحتراق 加力泵总成

（续表）

<table>
<tr><th>مجموعات/组</th><th>أنواع/型</th><th>منتجات/产品</th></tr>
<tr><td rowspan="10">دورة الإيقاف
制动系统</td><td rowspan="3">أنابيب هوائية
气制动管件</td><td>أنابيب هوائية
气动软管</td></tr>
<tr><td>أنابيب معدنية هوائية
气动金属管</td></tr>
<tr><td>وصلة الأنبوب الهوائي
气动管接头</td></tr>
<tr><td>فاصل الزيت
油水分离器</td><td>فاصل الزيت
油水分离器</td></tr>
<tr><td>مضخة الفرامل
制动泵</td><td>مضخة الفرامل
制动泵</td></tr>
<tr><td rowspan="4">مكبح
制动器</td><td>مكبح موقف السيارات
驻车制动器</td></tr>
<tr><td>مكبح قرصي
盘式制动器</td></tr>
<tr><td>مكبح يدار بالسير
带式制动器</td></tr>
<tr><td>مكبح قرصي رطب
湿式盘式制动器</td></tr>
<tr><td rowspan="8">معدات السير
行走装置</td><td rowspan="2">مجموعة الإطارات
轮胎总成</td><td>إطار مصبوب، إطارات صماء، إطار مصمت
实心轮胎</td></tr>
<tr><td>إطار رئوي
充气轮胎</td></tr>
<tr><td>مجموعة حتار الدولاب
轮辋总成</td><td>مجموعة حتار الدولاب
轮辋总成</td></tr>
<tr><td>سلسلة مانعة للانزلاق للإطار
轮胎防滑链</td><td>سلسلة مانعة للانزلاق للإطار
轮胎防滑链</td></tr>
<tr><td rowspan="4">مجموعة الجنازير
履带总成</td><td>مجموعة الجنازير العادية
普通履带总成</td></tr>
<tr><td>مجموعة الجنازير الرطبة
湿式履带总成</td></tr>
<tr><td>مجموعة الجنازير المطاطية
橡胶履带总成</td></tr>
<tr><td>مجموعة المسار الثلاثي
三联履带总成</td></tr>
</table>

(续表)

مجموعات/组	أنواع/型	منتجات/产品
معدات السير 行走装置	أربع عجلات 四轮	مجموعة عجلات التحمل 支重轮总成
		مجموعة عجلات الناقل 拖链轮总成
		مجموعة عجلات التوجيه 引导轮总成
		مجموعة عجلات الإدارة 驱动轮总成
	مجموعة جهاز شد المسار 履带张紧装置总成	مجموعة جهاز شد المسار 履带张紧装置总成
نظام التوجيه 转向系统	مجموعة أجهزة التوجيه 转向器总成	مجموعة أجهزة التوجيه 转向器总成
	محور التوجيه 转向桥	محور التوجيه 转向桥
	جهاز التوجيه 转向操作装置	جهاز التوجيه 转向装置
ارتجاج العربة ومعدات التشغيل 车架及工作装置	ارتجاج العربة 车架	ارتجاج العربة 车架
		حلقة الدوران 回转支撑
		حجرة السائق 驾驶室
		مجموعة مقاعد السائق 司机座椅总成
	معدات التشغيل 工作装置	ذراع متحركة 动臂
		ذراع 斗杆
		دلاء 铲挖斗
		مسنن 斗齿
		نصل/ نصلة 刀片
	ثقل التعديل، ثقل موازن 配重	ثقل التعديل، ثقل موازن 配重

(续表)

组/مجموعات	型/أنواع	产品/منتجات
ارتجاج العربة ومعدات التشغيل 车架及工作装置	نظام هيكل الباب 门架系统	هيكل الباب 门架
		سلسلة 链条
		شوكة 货叉
	معدات الخطاف 吊装装置	خطاف 吊钩
		هيكل الذراع 臂架
	معدات اهتزازية 振动装置	معدات اهتزازية 振动装置
معدات كهربائية 电器装置	مجموعة نظام التحكم الكهربائي 电控系统总成	مجموعة نظام التحكم الكهربائي 电控系统总成
	مجموعة العدادات المشتركة 组合仪表总成	مجموعة العدادات المشتركة 组合仪表总成
	مجموعة أجهزة المراقبة 监控器总成	مجموعة أجهزة المراقبة 监控器总成
	عدادات 仪表	عداد التوقيت 计时表
		عداد سرعة 速度表
		ترمومتر 温度表
		عداد ضغط الزيت 油压表
		بارومتر 气压表
		معيار مستوى الوقود 油位表
		أمبير متر 电流表
		فلطمتر 电压表

(续表)

مجموعات/组	أنواع/型	منتجات/产品
معدات كهربائية 电器装置	جهاز الإنذار 报警器	جهاز إنذار عند القيادة 行车报警器
		جهاز إنذار عند القيادة المنجمة 倒车报警器
	مصباح السيارة 车灯	مصباح مضيئ 照明灯
		مصباح مؤشر التوجيه 转向指示灯
		مصباح مؤشر الفرامل 刹车指示灯
		مصباح الضبابة 雾灯
		مصباح سطحي في حجيرة السائق 司机室顶灯
	مكيف 空调器	مكيف 空调器
	سخانات 暖风机	سخانات 暖风机
	مروحة كهربائية 电风扇	مروحة كهربائية 电风扇
	ممسحة 刮水器	ممسحة 刮水器
	بطارية اختزانية 蓄电池	بطارية اختزانية 蓄电池
معدات خاصة 专用属具	مطرقة هيدرولية 液压锤	مطرقة هيدرولية 液压锤
	مقص هيدرولي 液压剪	مقص هيدرولي 液压剪
	ملزمة هيدرولية 液压钳	ملزمة هيدرولية 液压钳
	جهاز خدش الأرض 松土器	جهاز خدش الأرض 松土器
	شوكة خشبية 夹木叉	شوكة خشبية 夹木叉
	معدات خاصة بمرفاع شوكي 叉车专用属具	معدات خاصة بمرفاع شوكي 叉车专用属具

(续表)

组/مجموعات	型/أنواع	产品/منتجات
معدات خاصة 专用属具	معدات أخرى 其他属具	معدات أخرى 其他属具
ملحقات أخرى 其他配套件		

20 其他专用工程机械 آلات البناء الخاصة الأخرى

组/مجموعات	型/أنواع	产品/منتجات
آلات البناء الخاصة بمحطة كهربائية 电站专用工程机械	مرفاع برجي 扳起式塔式起重机	مرفاع برجي خاص بمحطة كهربائية 电站专用扳起式塔式起重机
	مرفاع برجي ذاتي الرفع 自升式塔式起重机	مرفاع برجي ذاتي الرفع خاص بمحطة كهربائية 电站专用自升塔式起重机
	مرفاع الغلاية خاص بمحطة كهربائية 锅炉炉顶起重机	مرفاع الغلاية خاص بمحطة كهربائية 电站专用锅炉炉顶起重机
	مرفاع جسري 门座起重机	مرفاع جسري خاص بمحطة كهربائية 电站专用门座起重机
	مرفاع مزنجر 履带式起重机	مرفاع مزنجر خاص بمحطة كهربائية 电站专用履带式起重机
	مرفاع قنطري 龙门式起重机	مرفاع قنطري خاص بمحطة كهربائية 电站专用龙门式起重机
	مرفاع كبلي 缆索起重机	مرفاع كبلي علوي انتقالي خاص بمحطة كهربائية 电站专用平移式高架缆索起重机
	وحدة الرفع 提升装置	وحدة الرفع الهيدرولية الخاصة بمحطة كهربائية 电站专用钢索液压提升装置
	مرفاع البناء 施工升降机	مرفاع البناء الخاص بمحطة كهربائية 电站专用施工升降机
		مصعد البناء المنحنى 曲线施工电梯
	برج خلط الخرسانة 混凝土搅拌楼	برج خلط الخرسانة الخاص بمحطة كهربائية 电站专用混凝土搅拌楼
	محطة خلط الخرسانة 混凝土搅拌站	محطة خلط الخرسانة الخاصة بمحطة كهربائية 电站专用混凝土搅拌站

（续表）

组/مجموعات	型/أنواع	产品/منتجات
الآلات الهندسية لبناء وصيانة السكك الحديدية 轨道交通施工与养护工程机械	آلات لبناء الجسور 架桥机	
	معدات لبناء وصيانة خطوط مكهربة 电气化线路施工与养护设备	
آلات البناء الخاصة لحفظ المياه 水利专用工程机械	آلات البناء الخاصة لحفظ المياه 水利专用工程机械	آلات البناء الخاصة لحفظ المياه 水利专用工程机械
آلات البناء للخامات 矿山用工程机械	آلات البناء للخامات 矿山用工程机械	آلات البناء للخامات 矿山用工程机械
آلات أخرى 其他工程机械